초등 1-2

비아에듀
ViaEducation

먼저 읽어 보고 다양한 의견을 준 학생들 덕분에 『수학의 미래』가 세상에 나올 수 있었습니다.

강소을	서울공진초등학교	김대현	광명가림초등학교	김동혁	김포금빛초등학교
김지성	서울이수초등학교	김채윤	서울당산초등학교	김하율	김포금빛초등학교
박진서	서울북가좌초등학교	변예림	서울신용산초등학교	성민준	서울이수초등학교
심재민	서울하늘숲초등학교	오 현	서울청덕초등학교	유하영	일산 홈스쿨링
윤소윤	서울갈산초등학교	이보림	김포가현초등학교	이서현	서울경동초등학교
이소은	서울서강초등학교	이윤건	서울신도초등학교	이준석	서울이수초등학교
이하은	서울신용산초등학교	이호림	김포가현초등학교	장윤서	서울신용산초등학교
장윤수	서울보광초등학교	정초비	안양희성초등학교	천강혁	서울이수초등학교
최유현	고양동산초등학교	한보윤	서울신용산초등학교	한소윤	서울서강초등학교
황서영	서울대명초등학교				

그 밖에 서울금산초등학교, 서울남산초등학교, 서울대광초등학교, 서울덕암초등학교, 서울목원초등학교, 서울서강초등학교, 서울은천초등학교, 서울자양초등학교, 세종온빛초등학교, 인천계양초등학교 학생 여러분께 감사드립니다.

1 '수학의 시대'에 필요한 진짜 수학

여러분은 새로운 시대에 살고 있습니다. 인류의 삶 전반에 큰 변화를 가져올 '제4차 산업혁명'의 시대 말입니다. 새로운 시대에는 시험 문제로만 만났던 '수학'이 우리 일상의 중심이 될 것입니다. 영국 총리 직속 연구위원회는 "수학이 인공 지능, 첨단 의학, 스마트 시티, 자율 주행 자동차, 항공 우주 등 제4차 산업혁명의 심장이 되었다. 21세기 산업은 수학이 좌우할 것"이라는 내용의 보고서를 발표하기도 했습니다. 여기서 말하는 '수학'은 주어진 문제를 풀고 답을 내는 수동적인 '수학'이 아닙니다. 이런 역할은 기계나 인공 지능이 더 잘합니다. 제4차 산업혁명에서 중요하게 말하는 수학은 일상에서 발생하는 여러 사건과 상황을 수학적으로 사고하고 수학 문제로 바꾸어 해결할 수 있는 능력, 즉 일상의 언어를 수학의 언어로 전환하는 능력입니다. 주어진 문제를 푸는 수동적 역할에서 벗어나 지식의 소유자, 능동적 발견자가 되어야 합니다.

『수학의 미래』는 미래에 필요한 수학적인 능력을 키워 줄 것입니다. 하나뿐인 정답을 찾는 것이 아니라 문제를 해결하는 다양한 생각을 끌어내고 새로운 문제를 만들 수 있는 능력을 말입니다. 물론 새 교육과정과 핵심 역량도 충실히 반영되어 있습니다.

2 학생의 자존감 향상과 성장을 돕는 책

수학 때문에 마음에 상처를 받은 경험이 누구에게나 있을 것입니다. 시험 성적에 자존심이 상하고, 너무 많은 훈련에 지치기도 하고, 하고 싶은 일이나 갖고 싶은 직업이 있는데 수학 점수가 가로막는 것 같아 수학이 미워지고 자신감을 잃기도 합니다.

이런 수학이 좋아지는 최고의 방법은 수학 개념을 연결하는 경험을 해 보는 것입니다. 개념과 개념을 연결하는 방법을 터득하는 순간 수학은 놀랄 만큼 재미있어집니다. 개념을 연결하지 않고 따로따로 공부하면 공부할 양이 많게 느껴지지만 새로운 개념을 이전 개념에 차근차근 연결해 나가면 머릿속에서 개념이 오히려 압축되는 것을 느낄 수 있습니다.

이전 개념과 연결하는 비결은 수학 개념을 친구나 부모님에게 설명하고 표현하는 것입니다. 이 과정을 통해 여러분 내면에 수학 개념이 차곡차곡 축적됩니다. 탄탄하게 개념을 쌓았으므로 어떤 문제 앞에서도 당황하지 않고 해결할 수 있는 자신감이 생깁니다.

『수학의 미래』는 수학 개념을 외우고 문제를 푸는 단순한 학습서가 아닙니다. 여러분은 여기서 새로운 수학 개념을 발견하고 연결하는 주인공 역할을 해야 합니다. 그렇게 발견한 수학 개념을 주변 사람들에게나 자신에게 항상 소리 내어 설명할 수 있어야 합니다. 설명하는 표현학습을 통해 수학 지식은 선생님의 것이나 교과서 속에 있는 것이 아니라 여러분의 것이 됩니다. 자신의 것으로 소화하게 된다는 말이지요. 『수학의 미래』는 여러분이 수학적 역량을 키워 사회에 공헌할 수 있는 인격체로 성장할 수 있게 도와줄 것입니다.

3 스스로 수학을 발견하는 기쁨

수학 개념은 처음 공부할 때가 가장 중요합니다. 처음부터 남에게 배운 것은 자기 것으로 소화하기가 어렵습니다. 아직 소화하지도 못했는데 문제를 풀려 들면 공식을 억지로 암기할 수밖에 없습니다. 좋은 결과를 기대할 수 없지요.

『수학의 미래』는 누가 가르치는 책이 아닙니다. 자기 주도적으로 학습해야만 이 책의 목적을 달성할 수 있습니다. 전문가에게 빨리 배우는 것보다 조금은 미숙하고 늦더라도 혼자 힘으로 천천히 소화해 가는 것이 결과적으로는 더 빠릅니다. 친구와 함께할 수 있다면 더욱 좋고요.

『수학의 미래』는 예습용입니다. 학교 공부보다 2주 정도 먼저 이 책을 펼치고 스스로 할 수 있는 데까지 해냅니다. 너무 일찍 예습을 하면 실제로 배울 때는 기억이 사라져 별 효과가 없는 경우가 많습니다. 2주 정도의 기간을 가지고 한 단원을 천천히 예습할 때 가장 효과가 큽니다. 그리고 부족한 부분은 학교에서 배우며 보완합니다. 이 책을 가지고 예습하다 보면 의문점도 많이 생길 것입니다. 그 의문을 가지고 수업에 임하면 수업에 집중할 수 있고 확실히 깨닫게 되어 수학을 발견하는 기쁨을 누리게 될 것입니다.

전국수학교사모임 미래수학교과서팀을 대표하여
최수일 씀

복잡하고 어려워 보이는 수학이지만 개념의 연결고리를 찾을 수 있다면 쉽고 재미있게 접근할 수 있어요. 멋지고 튼튼한 집을 짓기 위해서 치밀한 설계도가 필요한 것처럼 여러분 머릿속에 수학의 개념이라는 큰 집이 자리 잡기 위해서는 체계적인 공부 설계가 필요하답니다. 개념이 어떻게 적용되고 연결되며 확장되는지 여러분 스스로 발견할 수 있도록 선생님들이 꼼꼼하게 설계했어요!

단원 시작

수학 학습을 시작하기 전에 무엇을 배울지 확인하고 나에게 맞는 공부 계획을 세워 보아요. 선생님들이 표준 일정을 제시해 주지만, 속도는 목표가 될 수 없습니다. 자신에게 맞는 공부 계획을 세우고, 실천해 보아요.

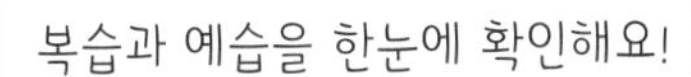

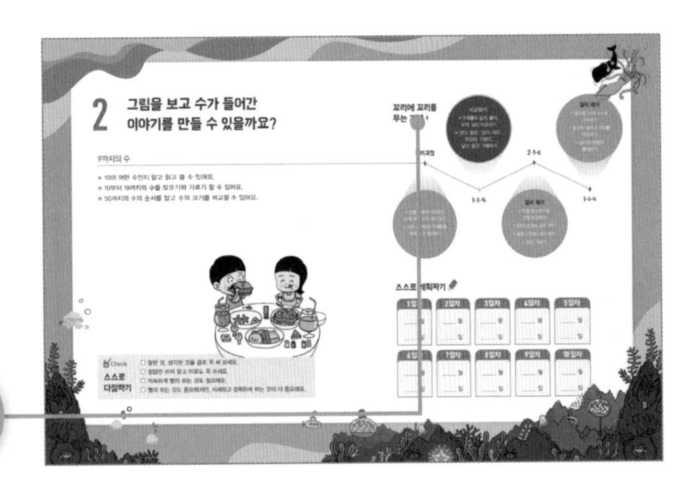

기억하기

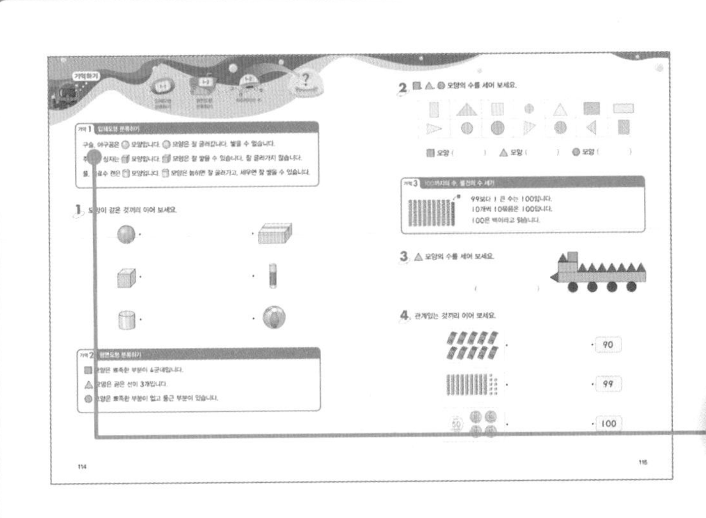

새로운 개념을 공부하기 전에 이전에 배웠던 '연결된 개념'을 꼭 확인해요. 아는 내용이라고 지나치지 말고 내가 제대로 이해했는지 확인해 보세요. 새로운 개념을 공부할 때마다 어떤 개념에서 나왔는지 확인하는 습관을 가져 보세요. 앞으로 공부할 내용들이 쉽게 느껴질 거예요.

배웠다고 만만하게 보면 안 돼요!

생각열기

새로운 개념과 만나기 전에 탐구하고 생각해야 풀 수 있는 '열린 질문'으로 이루어져 있어요. 처음에는 생각해 내기 어려울 수 있지만 개념 연결과 추론을 통해 문제를 해결할 수 있다면 자신감이 두 배는 생길 거예요. 한 가지 정답이 아니라 다양한 생각, 자유로운 생각이 담긴 나만의 답을 써 보세요. 깊게 생각하는 힘, 수학적으로 생각하는 힘이 저절로 커져서 어떤 문제가 나와도 당황하지 않게 될 거예요.

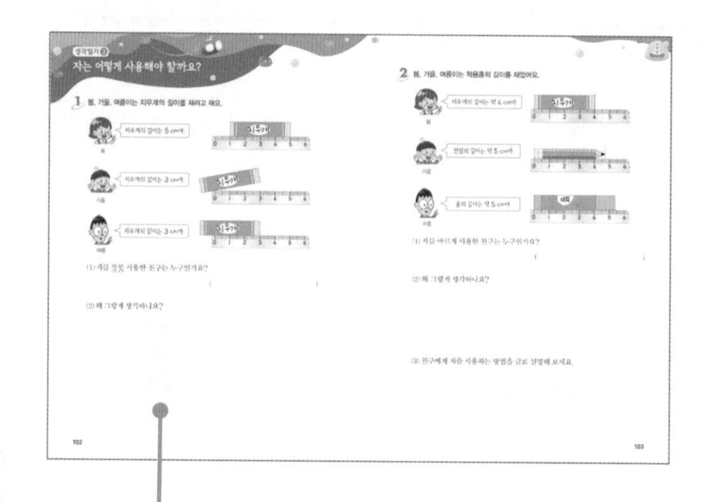

내 생각을 자유롭게 써 보아요!

개념활용

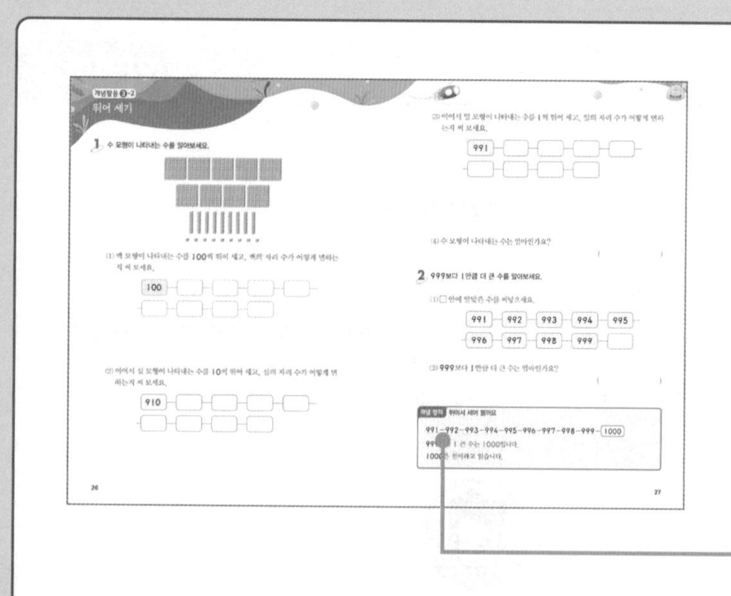

'생각열기'에서 나온 개념이나 정의 등을 한눈에 확인할 수 있게 정리했어요. 또한 개념이 적용된 다양한 예제를 통해 기본기를 다질 수 있어요. '생각열기'와 짝을 이루어 단원에서 배워야 할 주요한 개념과 원리를 알려 주어요.

개념의 핵심만 추렸어요!

표현하기·선생님 놀이

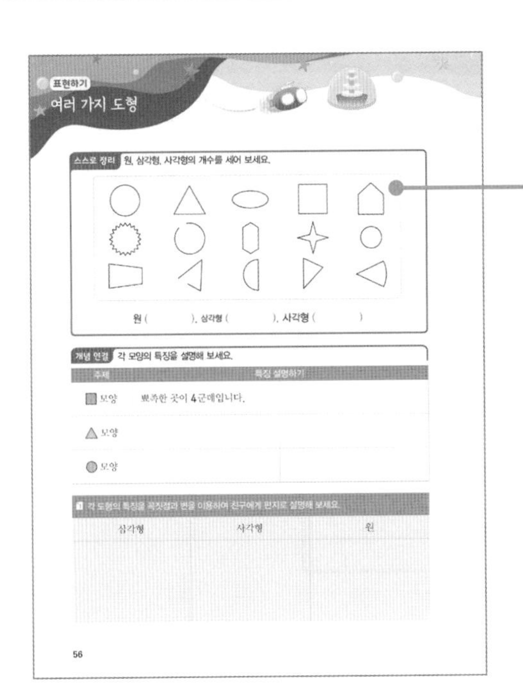

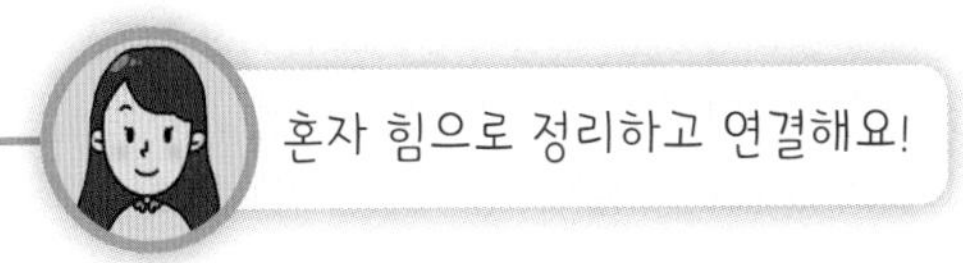

새로 배운 개념을 혼자 힘으로 정리하고, 관련된 이전 개념을 연결해요. 수학 개념은 모두 연결되어 있어서 그 연결고리를 찾아가다 보면 '아, 그렇구나!' 하는, 공부의 재미를 느끼는 순간이 찾아올 거예요.

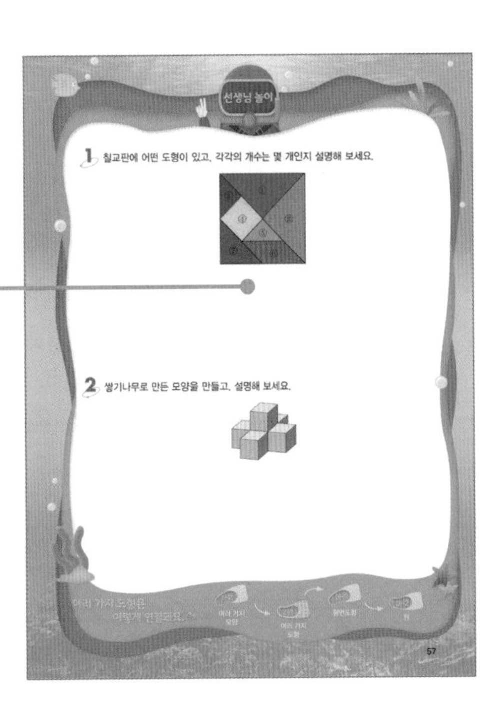

친구나 부모님에게 설명해 보세요!

문제를 모두 풀었다고 해도 설명을 할 수 없으면 이해하지 못한 거예요. '선생님 놀이'에서 말로 설명을 하다 보면 내가 무엇을 모르는지, 어디서 실수했는지를 스스로 발견하고 대비할 수 있어요.

단원평가

개념을 완벽히 이해했다면 실제 시험에 대비하여 문제를 풀어 보아요. 다양한 문제에 대처할 수 있도록 난이도와 문제의 형식에 따라 '기본'과 '심화'로 나누었어요. '기본'에서는 개념을 복습하고 확인해요. '심화'는 한 단계 나아간 문제로, 일상에서 벌어지는 다양한 상황이 문장제로 나와요. 생활 속에서 일어나는 상황을 수학적으로 이해하고 식으로 써서 답을 내는 과정을 거치다 보면 내가 왜 수학을 배우는지, 내 삶과 수학이 어떻게 연결되는지 알 수 있을 거예요.

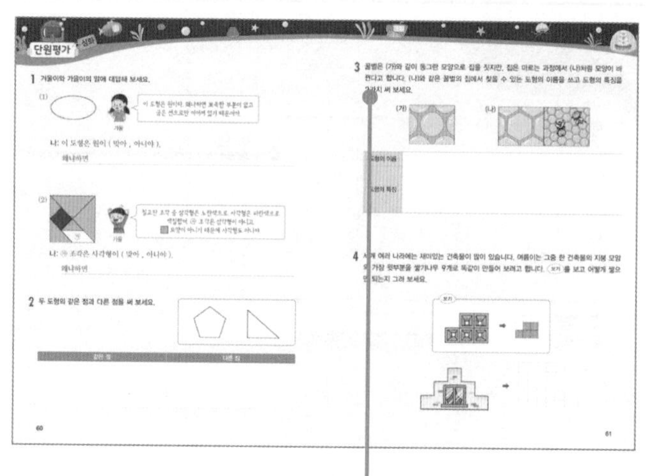

문장제까지 해결하면 자신감이 쑥쑥!

해설

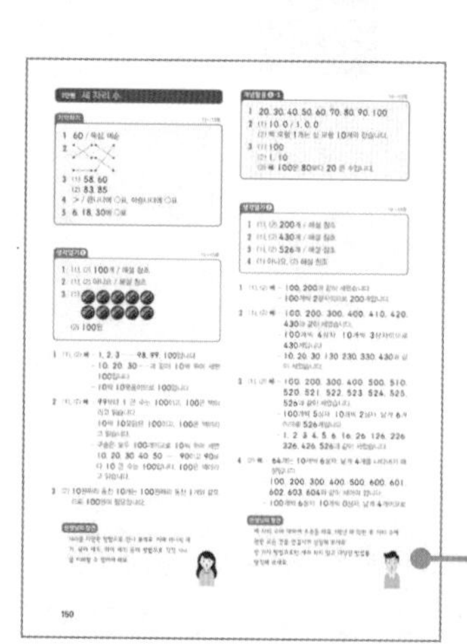

『수학의 미래』는 혼자서 개념을 익히고 적용할 수 있도록 설계되었기 때문에 해설을 잘 활용해야 해요. 문제를 푼 후에 답과 해설을 확인하여 여러분의 생각과 비교하고 수정해보세요. 그리고 '선생님의 참견'에서는 선생님이 문제를 낸 의도를 친절하게 설명했어요. 의도를 알면 문제의 핵심을 알 수 있어서 쉽게 잊히지 않아요.

문제의 숨은 뜻을 꼭 확인해요!

차례

1 구슬이 많으면 어떻게 세나요?

100까지의 수

* 100까지의 수 개념을 이해하고, 수를 세고 읽고 쓸 수 있어요.
* 100까지의 두 수의 크기를 비교할 수 있어요.

Check

스스로 다짐하기

- ☐ 말한 것, 생각한 것을 글로 꼭 써 보세요.
- ☐ 정답만 쓰지 말고 이유도 꼭 써 보세요.
- ☐ 익숙하게 빨리 하는 것도 필요해요.
- ☐ 빨리 하는 것도 중요하지만, 자세하고 정확하게 하는 것이 더 중요해요.

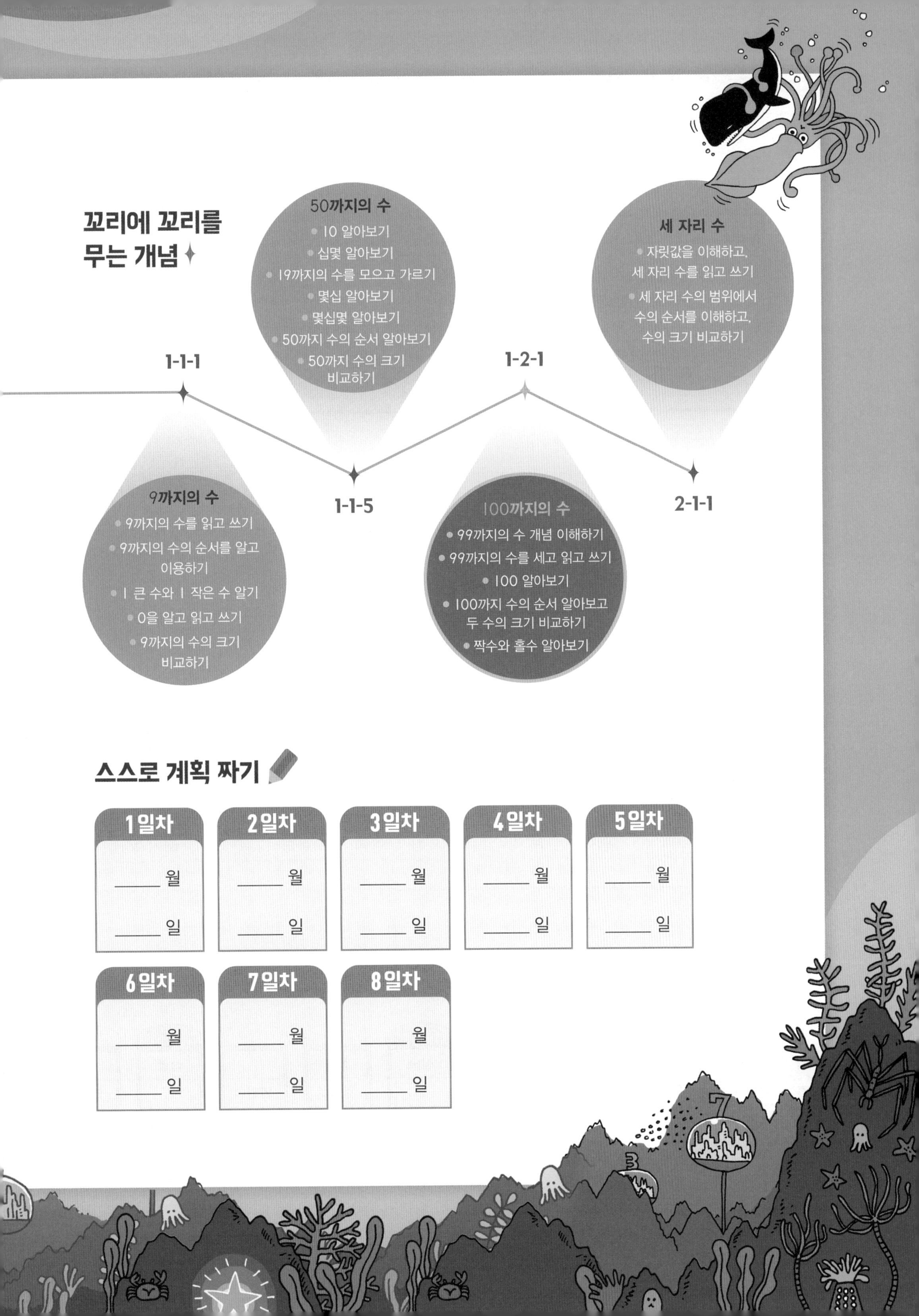

꼬리에 꼬리를 무는 개념

1-1-1 9까지의 수
- 9까지의 수를 읽고 쓰기
- 9까지의 수의 순서를 알고 이용하기
- 1 큰 수와 1 작은 수 알기
- 0을 알고 읽고 쓰기
- 9까지의 수의 크기 비교하기

1-1-5 50까지의 수
- 10 알아보기
- 십몇 알아보기
- 19까지의 수를 모으고 가르기
- 몇십 알아보기
- 몇십몇 알아보기
- 50까지 수의 순서 알아보기
- 50까지 수의 크기 비교하기

1-2-1 100까지의 수
- 99까지의 수 개념 이해하기
- 99까지의 수를 세고 읽고 쓰기
- 100 알아보기
- 100까지 수의 순서 알아보고 두 수의 크기 비교하기
- 짝수와 홀수 알아보기

2-1-1 세 자리 수
- 자릿값을 이해하고, 세 자리 수를 읽고 쓰기
- 세 자리 수의 범위에서 수의 순서를 이해하고, 수의 크기 비교하기

스스로 계획 짜기

1일차	2일차	3일차	4일차	5일차
____ 월 ____ 일	____ 월 ____ 일	____ 월 ____ 일	____ 월 ____ 일	____ 월 ____ 일

6일차	7일차	8일차
____ 월 ____ 일	____ 월 ____ 일	____ 월 ____ 일

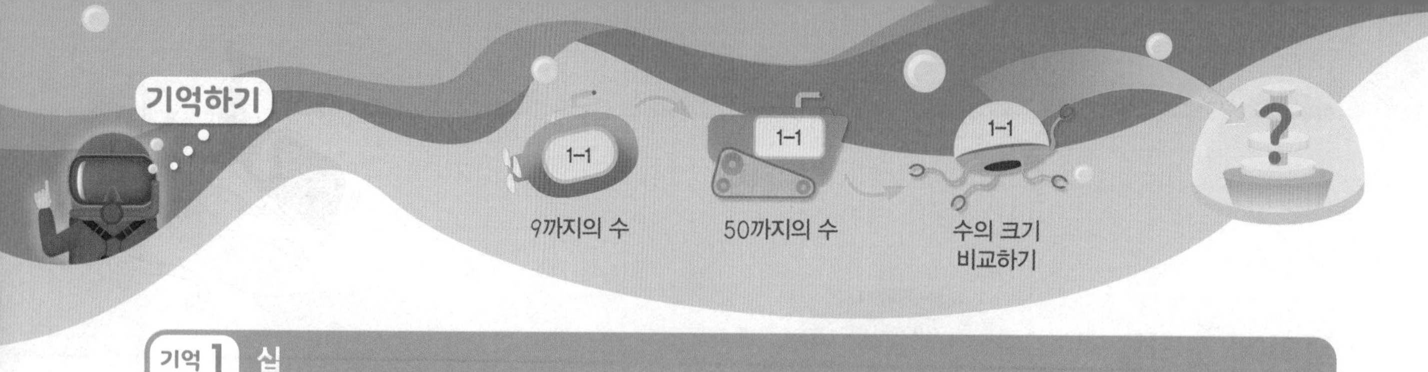

기억 1 십

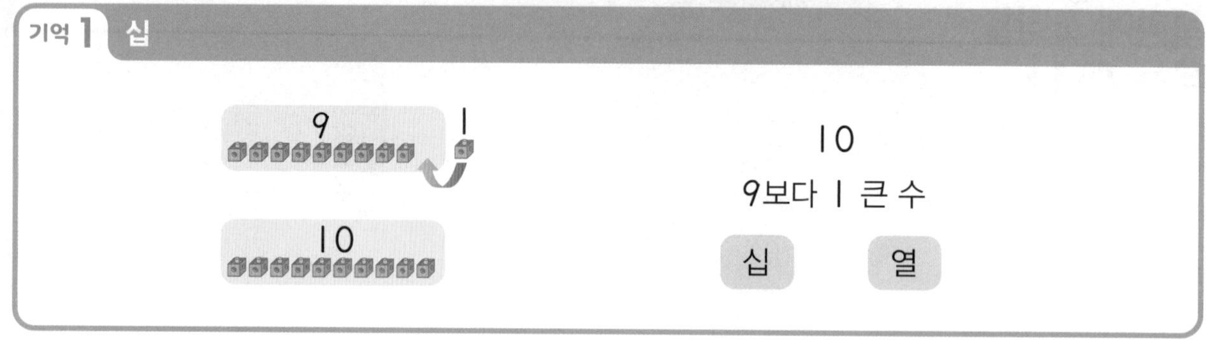

1 달걀의 수를 세어 쓰고 두 가지 방법으로 읽어 보세요.

쓰기 (　　　　　　)

읽기 (　　　　　　), (　　　　　　)

기억 2 십몇

11	12	13	14	15	16	17	18	19
십일	십이	십삼	십사	십오	십육	십칠	십팔	십구
열하나	열둘	열셋	열넷	열다섯	열여섯	열일곱	열여덟	열아홉

2 빈칸에 알맞은 수를 써넣으세요.

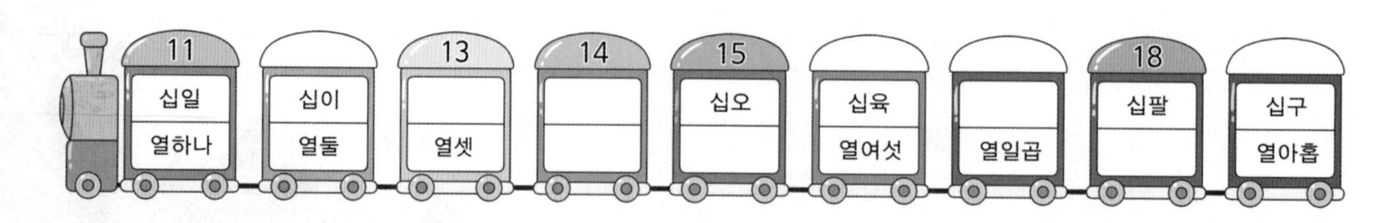

기억 3 50까지의 수

10	20	30	40	50
십	이십	삼십	사십	오십
열	스물	서른	마흔	쉰

3 다음 글을 읽고 수를 바르게 읽은 것에 ○표 해 보세요.

오늘 7(칠 , 일곱)시 30(삼십 , 서른)분에 일어나서 12(십이 , 열두)번 버스를 타고 한 번에 학교로 갔다.
나는 1(일 , 하나)학년 4(사 , 넷)반 38(삼십팔 , 서른여덟)번이다.

기억 4 수의 크기 비교 - 50 이하

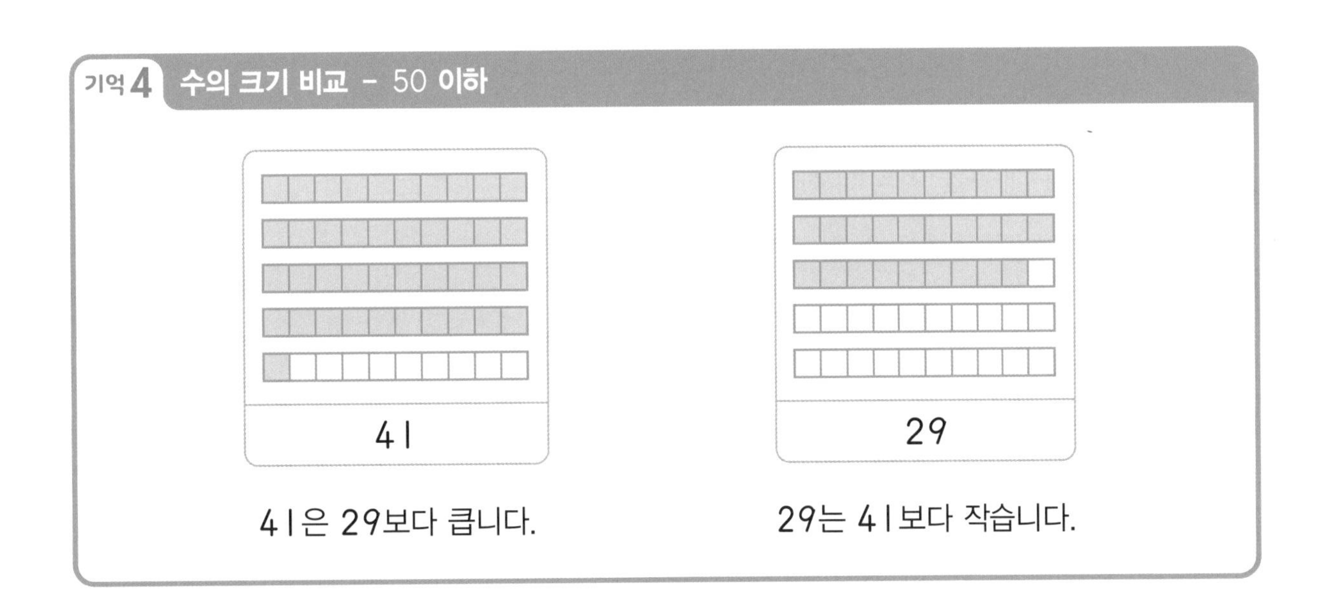

4 더 큰 수에 ○표 해 보세요.

(1) | 23 | 17 |

(2) | 38 | 49 |

(3) | 35 | 29 |

생각열기 1

구슬이 많으면 어떻게 세나요?

 구슬을 모아 상자에 넣었습니다. 물음에 답하세요.

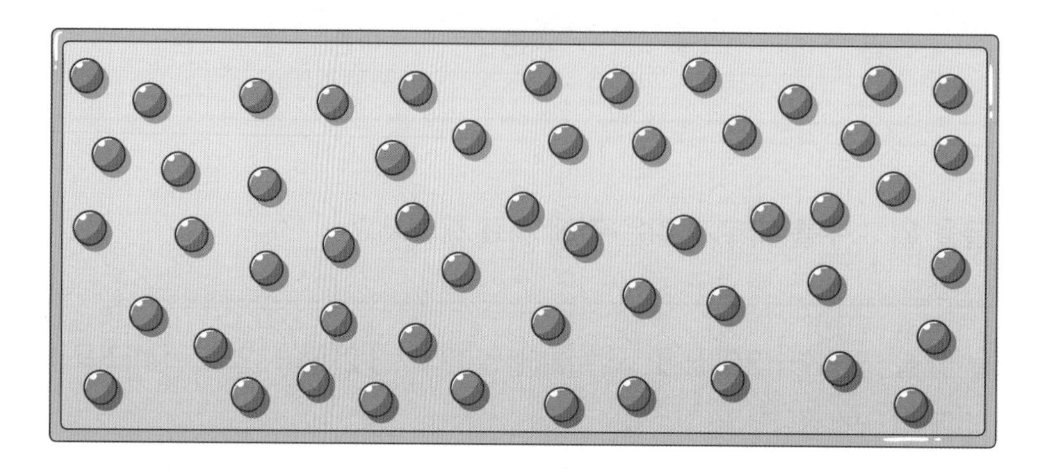

(1) 구슬의 개수를 세고 모두 몇 개인지 써 보세요.

(2) 구슬의 개수를 어떻게 세었나요?

(3) 구슬의 개수를 쉽게 세는 방법을 설명해 보세요.

2 친구들과 사탕을 나누어 먹으려 합니다. 물음에 답하세요.

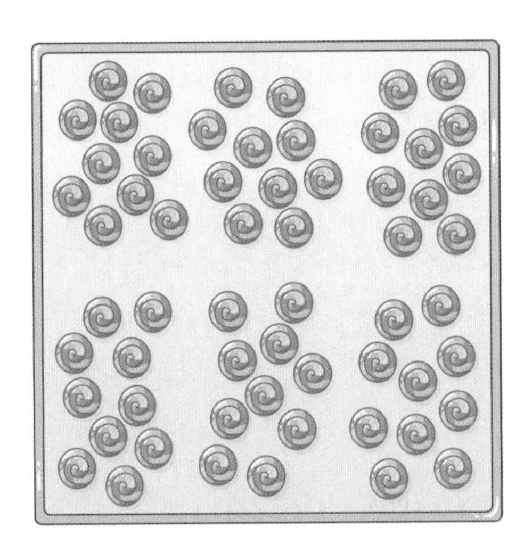

(1) 사탕의 개수를 묶어서 세어 보세요.
사탕은 모두 10개씩 몇 묶음인가요?

(2) 사탕을 몇 개라고 하면 좋을까요?

3 봄이네 가족이 달걀을 옮기고 있습니다. 물음에 답하세요.

(1) 아버지가 옮기는 달걀은 모두 몇 판인가요?

(2) 어머니와 아버지가 옮기는 달걀은 모두 몇 판인가요?

(3) 어머니와 아버지와 봄이가 옮기는 달걀은 모두 몇 개라고 표현할 수 있나요?

개념활용 ❶-1

10개씩 묶어 세기

1 공을 상자에 담아 정리하려고 합니다. 물음에 답하세요.

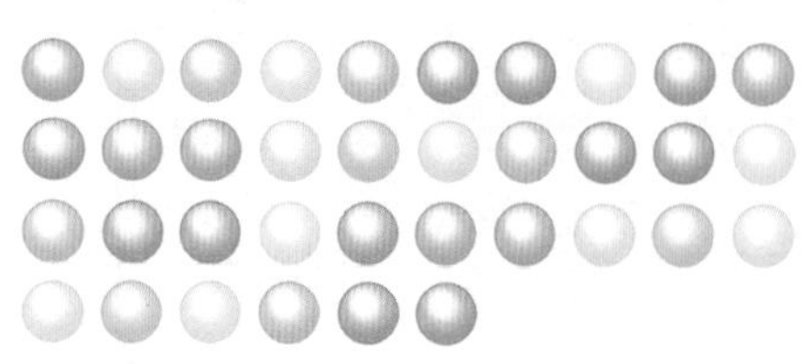

(1) 공을 10개씩 상자에 담으면 상자 ☐ 개를 채울 수 있습니다.

(2) 상자에 들어가지 못하고 남는 공은 ☐ 개입니다.

(3) 상자의 수와 남는 공의 수를 써넣으세요.

상자의 수	남는 공의 수

2 더운 여름, 열심히 일하시는 분들께 얼음물을 드리려고 합니다. 물음에 답하세요.

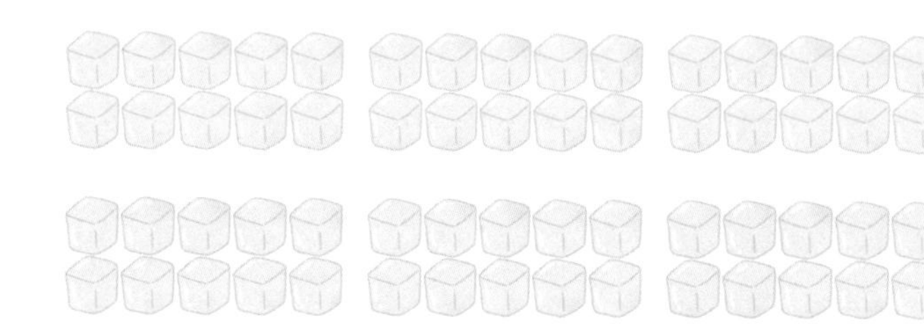
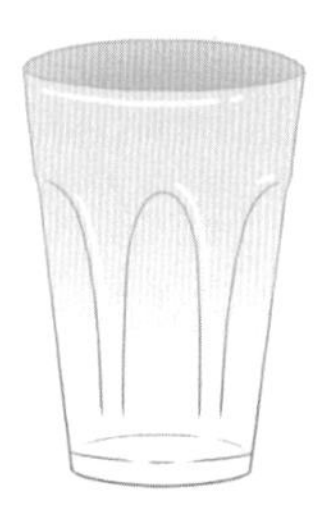

(1) 컵 하나에 10개의 얼음을 넣으려면 ☐ 개의 컵이 필요합니다.

(2) 컵에 넣고 남는 얼음은 ☐ 개입니다.

(3) 필요한 컵의 수와 남는 얼음의 수를 써넣으세요.

컵의 수	남는 얼음의 수

개념 정리 몇십몇 알기

10개씩 묶음 6개와 낱개 7개를 67이라고 합니다.

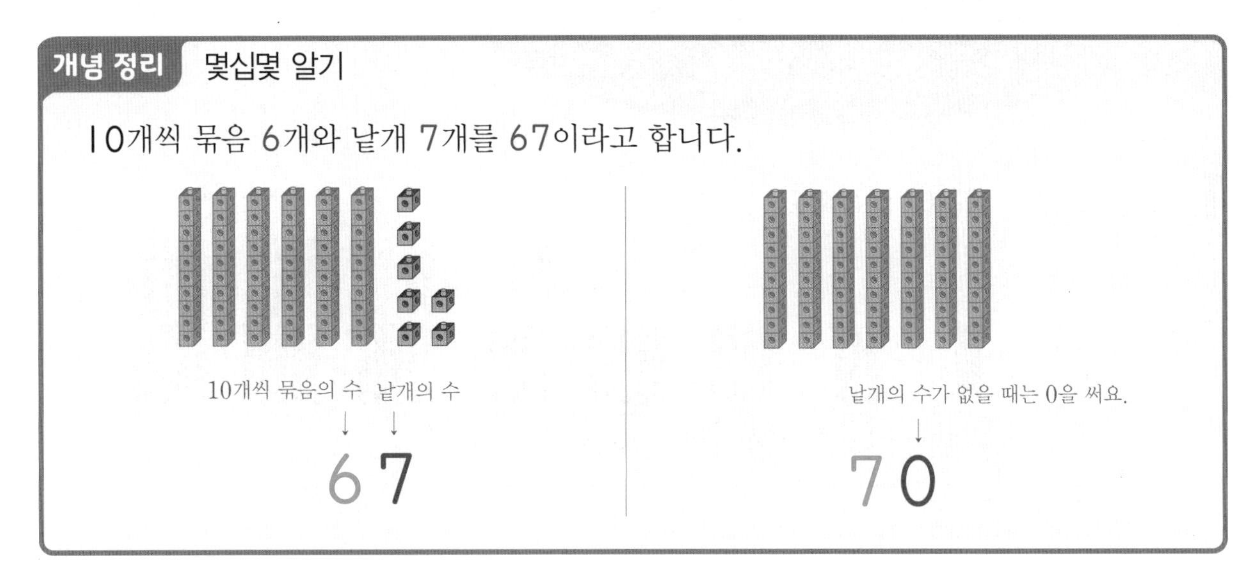

3 모형의 수를 세어 빈칸에 써 보세요.

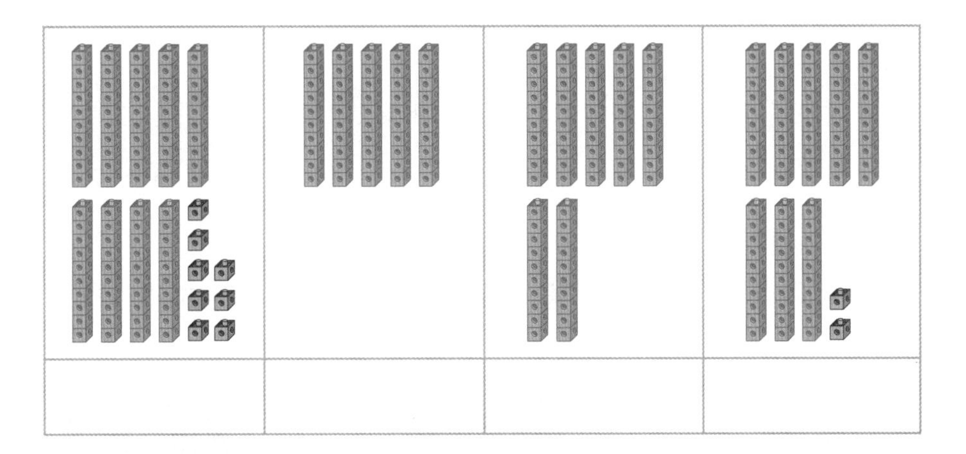

4 /를 10개씩 묶어 세어 수를 써 보세요.

개념활용 ❶-2

몇십몇

1 그림을 보고 물음에 답하세요.

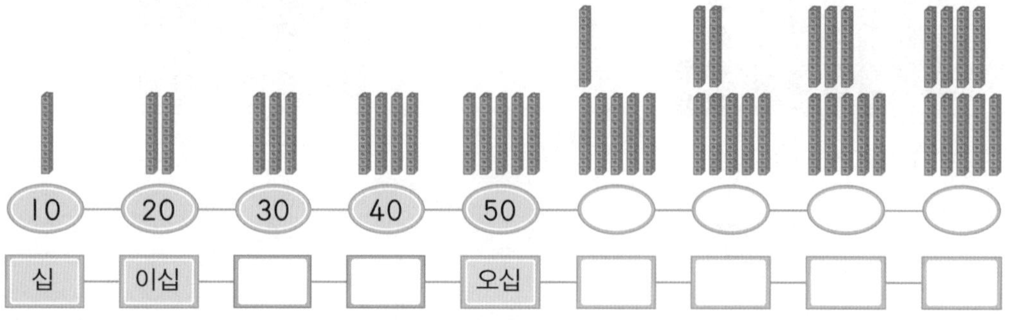

(1) 수를 읽고 ☐ 안에 알맞은 말을 써넣으세요. 어떤 규칙이 있나요?

규칙 ______________________________

(2) 같은 규칙을 이용해서 ◯와 ☐ 안에 알맞은 수나 말을 써넣으세요.

2 모형의 수를 세어 알맞은 수를 써넣고 수를 읽는 규칙을 설명해 보세요.

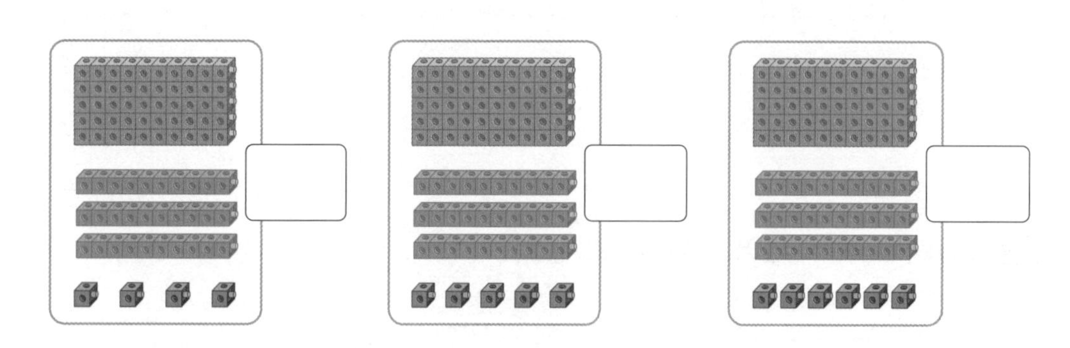

수를 읽는 규칙

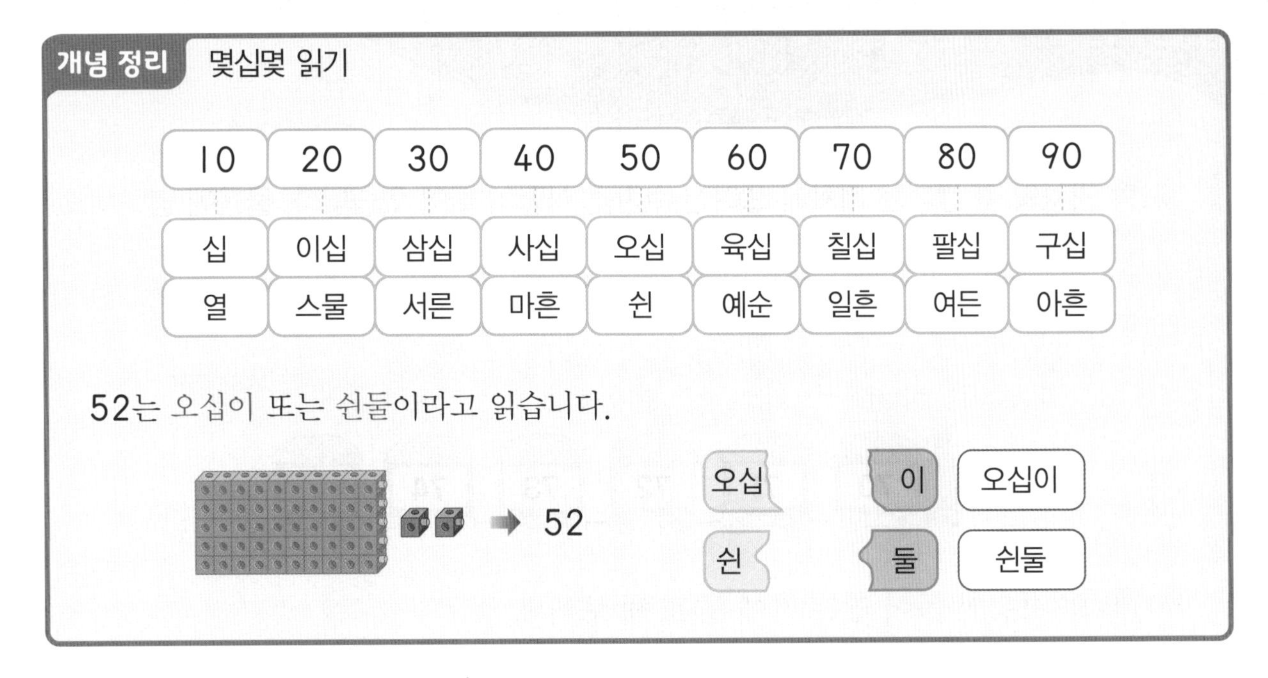

개념 정리 몇십몇 읽기

10	20	30	40	50	60	70	80	90
십	이십	삼십	사십	오십	육십	칠십	팔십	구십
열	스물	서른	마흔	쉰	예순	일흔	여든	아흔

52는 오십이 또는 쉰둘이라고 읽습니다.

3 수만큼 빈칸을 색칠하고 바르게 읽어 보세요.

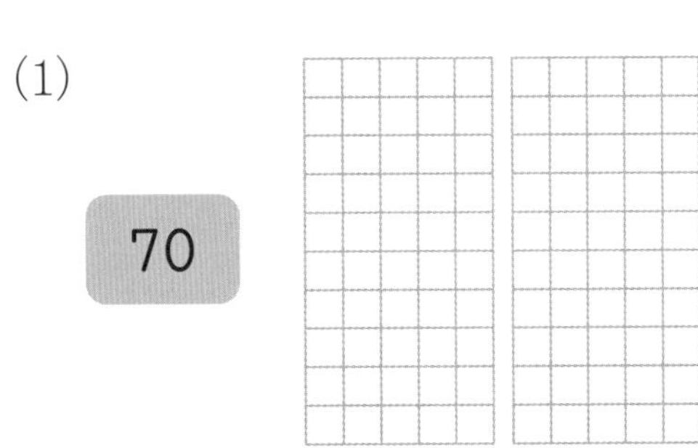

(1) 70

쉰	예순	일흔	여든	아흔
하나	셋	다섯	일곱	아홉

(2) 64

여든	아흔	일흔	쉰	예순
넷	셋	여섯	둘	하나

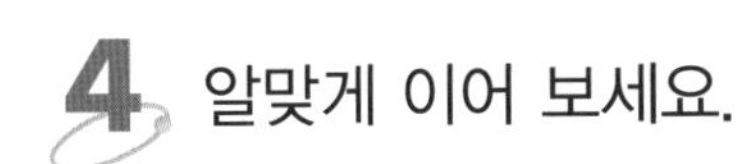

4 알맞게 이어 보세요.

58 •	• 육십팔 •	• 일흔여덟
78 •	• 오십팔 •	• 쉰여덟
98 •	• 칠십팔 •	• 예순여덟
68 •	• 구십팔 •	• 아흔여덟

생각열기 ②

어떤 수가 더 큰가요?

1 사탕 기차의 각 칸에는 기차에 쓰여진 수만큼 사탕이 들어 있습니다. 물음에 답하세요.

(1) 위의 사탕이 들어 있는 칸에 ○표 해 보세요.

(2) 74의 오른쪽 칸에는 어떤 수가 적혀 있을지 알맞은 수를 써넣으세요.

(3) 74 바로 다음 수는 74보다 ☐ 만큼 더 큽니다.

2 그림을 보고 물음에 답하세요.

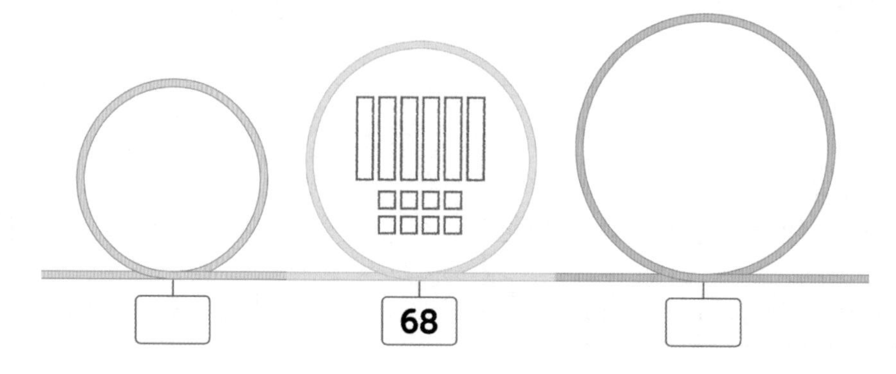

(1) 68보다 작은 수를 1개 정하여 ◯에 그리고 수를 써넣으세요.

(2) 68보다 큰 수를 1개 정하여 ◯에 그리고 수를 써넣으세요.

(3) 어떤 수가 더 큰지, 어떤 수가 더 작은지 어떻게 비교할 수 있나요?

3 신발의 수를 보고 물음에 답하세요.

(1) 신발의 오른쪽과 왼쪽이 짝 지어지는 수에 ○표 해 보세요.

1	2	3	4	5	6	7	8	9	10
11	12	13	14	15	16	17	18	19	20

(2) 둘씩 짝을 지을 수 있는 수에는 어떤 규칙이 있나요?

(3) 99까지의 수 중 둘씩 짝을 지을 수 있는 수를 3개 써 보세요.

(4) 99까지의 수 중 둘씩 짝을 지을 수 없는 수를 3개 써 보세요.

개념활용 ❷-1

1 큰 수와 1 작은 수, 10 큰 수와 10 작은 수

1 수 배열표를 보고 물음에 답하세요.

1	2	3	4	5	6	7	8	9	10
11	12	13	14	15	16	17	18	19	20
21	22	23	24	25	26	27	28	29	30
31	32	33	34	35	36	37	38	39	40
41	42	43	44	45	46	47	48	49	50
51	52	53	54	55	56	57	58	59	60
61	62	63	64	65	66	67	68	69	70
71	72	73	74	75	76	77	78	79	80
81	82	83	84	85	86	87	88	89	90
91	92	93	94	95	96	97	98	99	

(1) 36보다 1 작은 수와 1 큰 수에 ○표 해 보세요.

(2) 60보다 1 작은 수와 1 큰 수에 △표 해 보세요.

(3) 1 작은 수와 1 큰 수를 구하는 방법을 설명해 보세요.

2 숫자 띠를 보고 물음에 답하세요.

(1) 9보다 1 큰 수를 써넣으세요.

1	2	3	4	5	6	7	8	9	

(2) 9보다 1 큰 수를 10씩 묶었을 때 묶음의 수와 낱개의 수를 써 보세요.

(3) 색칠된 칸에 알맞은 수를 써넣으세요.

99보다 1 큰 수를 어떻게 적을지 생각해 보세요.

91								99	

개념 정리 100(백)

99보다 1 큰 수를 100이라 쓰고 백이라고 읽습니다.

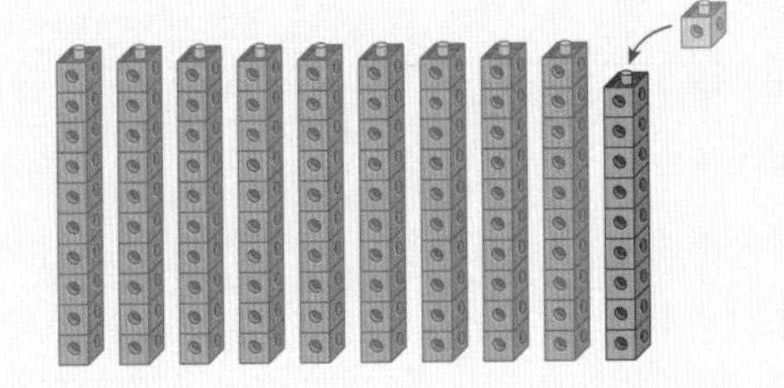

90보다 10 큰 수를 100이라 쓰고 백이라고 읽습니다.

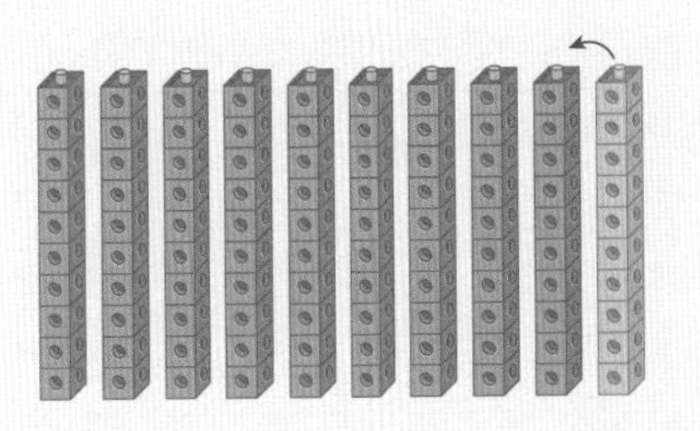

3 수 배열표를 보고 물음에 답하세요.

1	2	3	4	5	6	7	8	9	
11	12	13	14	15	16	17	18	19	
21	22	23	24	25	26	27	28	29	
31	32	33	34	35	36	37	38	39	40
41	42	43	44	45	46	47	48	49	
51	52	53	54	55	56	57	58	59	
61	62	63	64	65	66	67	68	69	70
71		73	74	75	76	77	78	79	80
81	82	83	84	85	86	87	88	89	90
91		93	94	95	96	97	98	99	100

(1) 40보다 10 작은 수와 10 큰 수를 알맞게 써넣으세요.

(2) 82보다 10 작은 수와 10 큰 수를 알맞게 써넣으세요.

(3) 10 작은 수와 10 큰 수를 찾는 방법을 설명해 보세요.

개념활용 ❷-2

수의 크기 비교

1 두 수를 보고 물음에 답하세요.

(1) 수만큼 빈칸을 색칠해 보세요. 59과 74 중 더 작은 수는 어느 것인가요?

( )

(2) 더 큰 수와 더 작은 수를 구하는 방법을 설명해 보세요.

더 큰 수를 구하는 방법	더 작은 수를 구하는 방법

개념 정리 수의 순서를 이용하여 수의 크기 비교하기

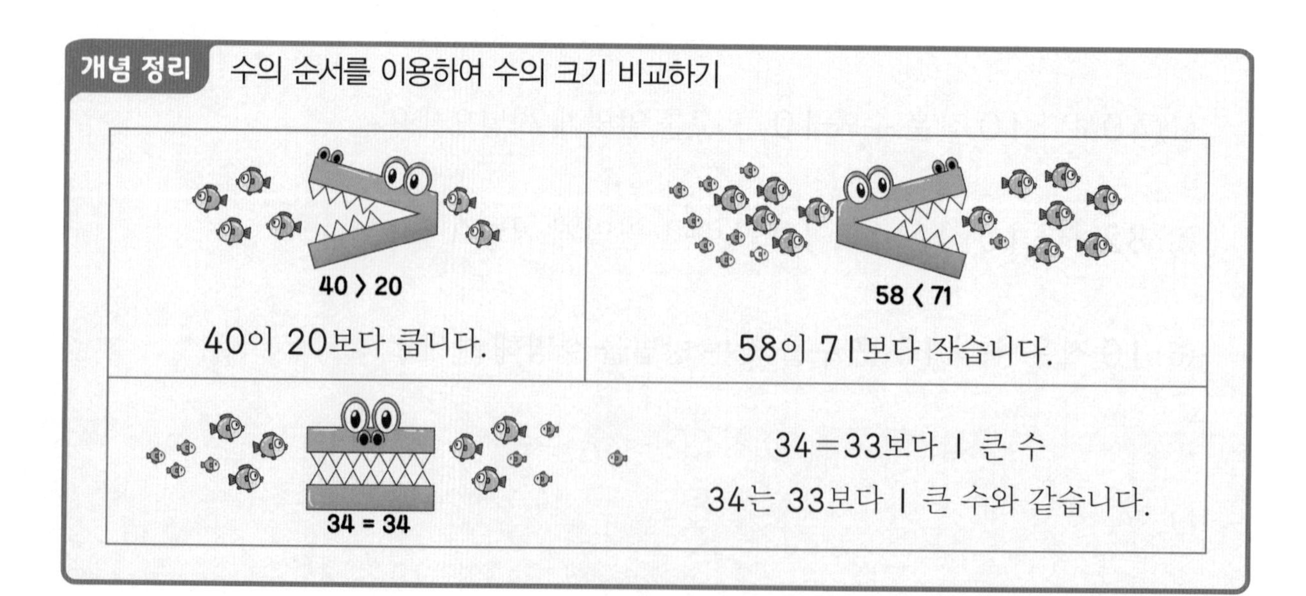

2 주어진 수를 보고 물음에 답하세요.

49	23	82	51	60	38	51	17

(1) 주어진 수를 이용하여 수의 크기를 비교해 보세요.

$\square < \square$, $\square > \square$, $\square = \square$

(2) 둘씩 짝을 지을 수 없는 수 4개를 찾아 적고 수만큼 색칠해 보세요.

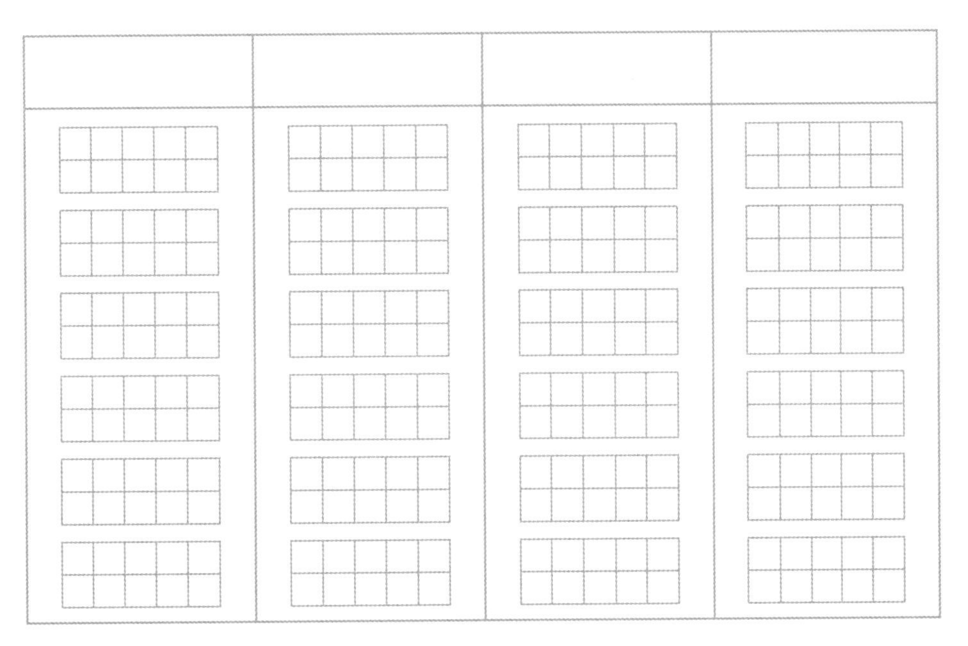

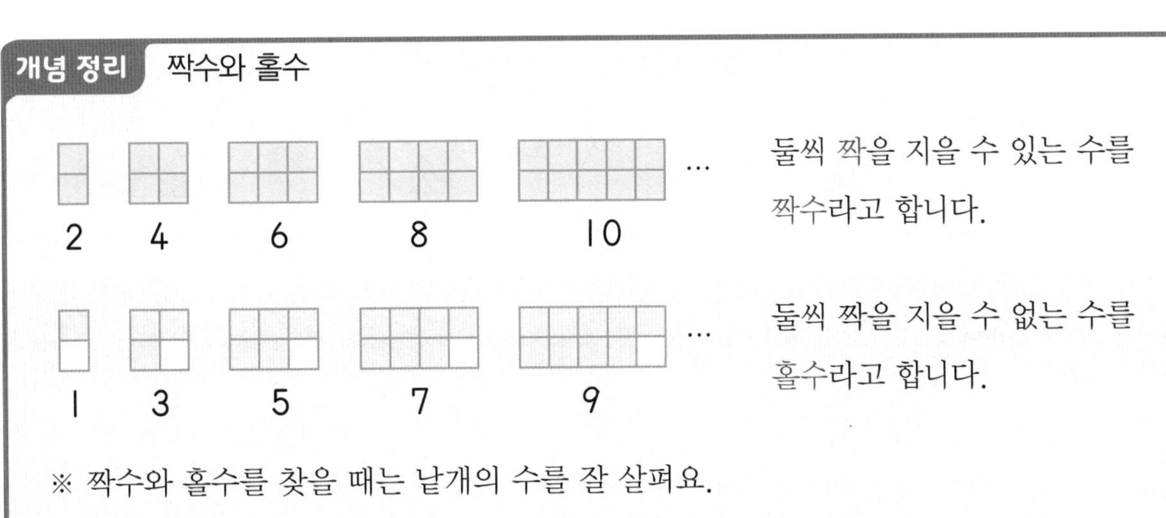

표현하기

100까지의 수

스스로 정리 물음에 답하세요.

1 97이 어떤 수인지 3가지 방법으로 설명해 보세요.

2 두 수의 크기를 비교하고 비교한 방법을 설명해 보세요.

(1) 69 ◯ 81　　　　(2) 74 ◯ 71

개념 연결 1 큰 수, 1 작은 수를 찾고 수의 순서에 따라 빈 곳을 채워 보세요.

<table>
<tr><th>주제</th><th>설명하기</th></tr>
<tr><td>1 큰 수와
1 작은 수</td><td>어떤 수를 기준으로 1 큰 수와 1 작은 수를 정할 수 있습니다.
1 2 3 4 5 6 7 8 9
3을 기준으로 1 작은 수는 ☐이고, 1 큰 수는 ☐입니다.</td></tr>
<tr><td>1부터 20까지
수의 순서</td><td>1, 2, ◯, ◯, 5, ◯, 7, ◯, ◯, ◯, 11, 12, ◯, ◯, ◯, ◯, 17, 18, ◯, 20</td></tr>
</table>

1 1 큰 수와 1 작은 수, 수의 순서를 이용해서 39<41임을 친구에게 편지로 설명해 보세요.

1 학생이 모두 몇 명인지 세고 어떻게 세었는지 다른 사람에게 설명해 보세요.

2 봄이는 친구들과 함께 밭에서 감자를 캤습니다. 감자를 봄이는 78개, 여름이는 82개 캤고, 가을이는 봄이보다 1개 더 많이 캤습니다. 감자를 많이 캔 순서대로 이름을 쓰고 어떻게 구했는지 다른 사람에게 설명해 보세요.

100까지의 수는 이렇게 연결돼요

50까지의 수

100까지의 수

세 자리 수

큰 수

단원평가 기본

1 수만큼 빈칸을 색칠하고 바르게 읽어 보세요.

(1) 78

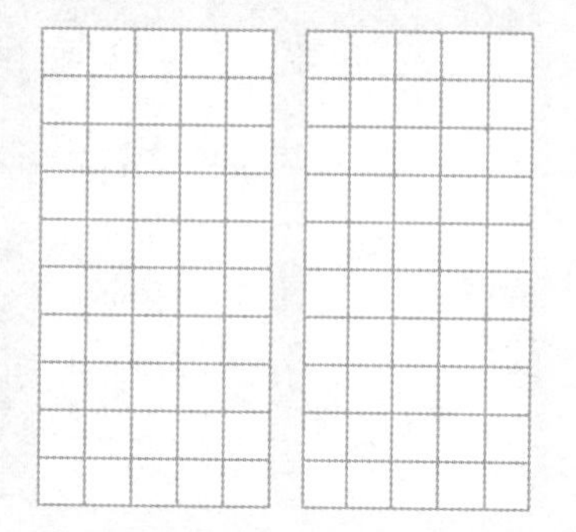

쉰	하나
예순	셋
일흔	다섯
여든	일곱
아흔	여덟

오십	이
육십	사
칠십	오
팔십	칠
구십	팔

(2) 99

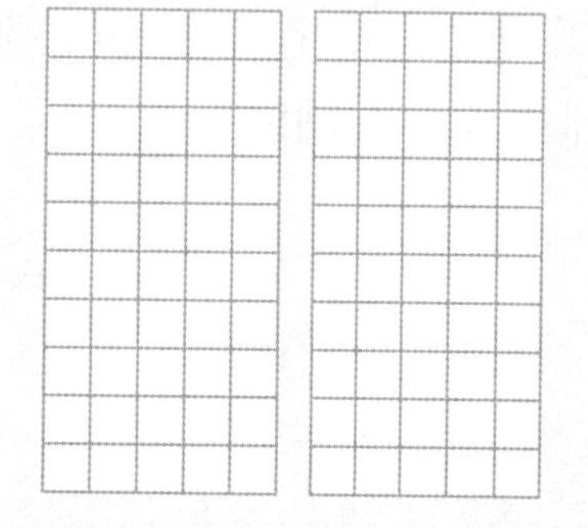

쉰	하나
예순	셋
일흔	다섯
여든	일곱
아흔	아홉

오십	이
육십	사
칠십	오
팔십	칠
구십	구

2 빈 곳에 알맞은 수를 써넣으세요.

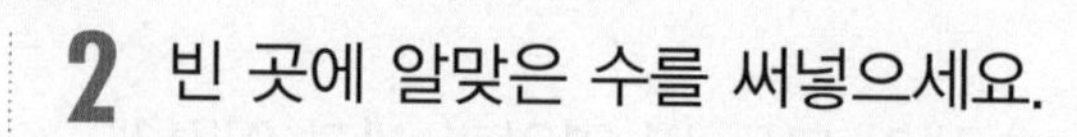

(1) 5 8 < 5 □

(2) 9 1 > 9 □

(3) 7 □ = □ 3

(4) 6 2 > 6 □ > 6 □

3 팔찌를 만드는 데 쓰인 구슬의 개수보다 1 작은 수를 써 보세요.

(1) (　　　　　　)

(2) (　　　　　　)

(3) (　　　　　　)

(4) (　　　　　　)

4 색연필의 수보다 10 큰 수를 써 보세요.

(1) [색연필 묶음 3개]

( )

(2) [색연필 묶음 6개, 낱개 7자루]

( )

(3) [색연필 묶음 7개, 낱개 8자루]

( )

(4) [색연필 묶음 9개]

( )

5 홀수가 아닌 것을 모두 찾아보세요.

( )

① 1 ② 36 ③ 15
④ 23 ⑤ 50

6 다음 그림을 보고 물음에 답하세요.

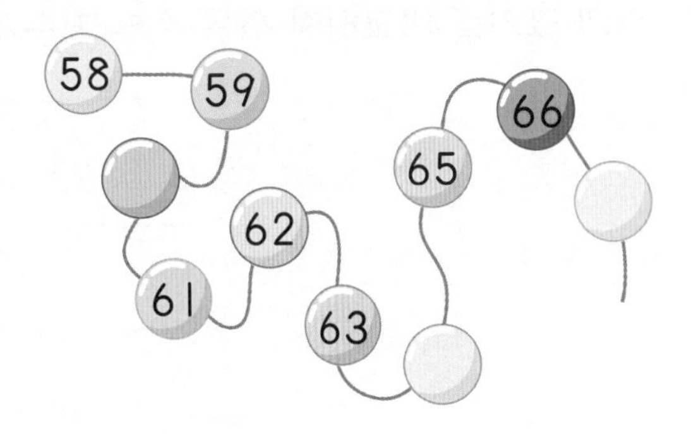

(1) 빈 구슬에 알맞은 수를 써넣으세요.

(2) 구슬에 적힌 수 중에서 짝수를 골라 두 가지 방법으로 읽어 보세요.

짝수	읽기

단원평가 심화

1 수의 크기를 비교하여 작은 수부터 순서대로 써넣으세요.

91 86 79 83

□ < □ < □ < □

2 개미 두 마리가 점과 점을 잇고 있습니다. 물음에 답하세요.

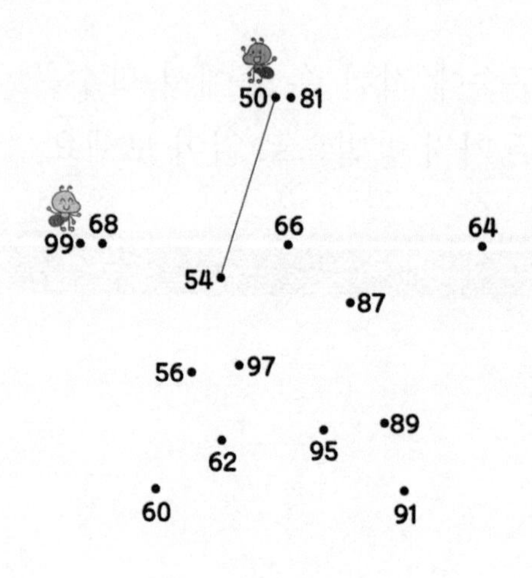

(1) 빨간 개미는 작은 수부터 차례대로 짝수로만 이동합니다. 빨간 개미가 이동한 길을 빨간색 곧은 선으로 이어 보세요.

(2) 파란 개미는 큰 수부터 차례대로 홀수로만 이동합니다. 파란 개미가 이동한 길을 파란색 곧은 선으로 이어 보세요.

3 나무의 나이는 몇 살인가요?

(   )

4 짝수 층에 있는 친구를 모두 찾아 이름을 써 보세요.

( )

5 1부터 9까지의 수 중에서 □ 안에 공통으로 들어갈 수 있는 수를 써 보세요.

76 < 7□

6□ < 68

( )

6 3장의 수 카드 중 2장을 이용하여 몇십몇을 만들려고 합니다. 만들 수 있는 수 중에서 세 번째로 작은 수를 구해 보세요.

6 5 9

( )

2 오징어와 문어는 모두 몇 마리인가요?

덧셈과 뺄셈(1)

* 덧셈과 뺄셈이 이루어지는 실생활 상황을 통하여 덧셈과 뺄셈의 의미를 이해할 수 있어요.
* 두 자리 수의 범위에서 받아올림과 받아내림이 없는 덧셈과 뺄셈의 계산 원리를 이해하고 그 계산을 할 수 있어요.

Check 스스로 다짐하기

- □ 말한 것, 생각한 것을 글로 꼭 써 보세요.
- □ 정답만 쓰지 말고 이유도 꼭 써 보세요.
- □ 익숙하게 빨리 하는 것도 필요해요.
- □ 빨리 하는 것도 중요하지만, 자세하고 정확하게 하는 것이 더 중요해요.

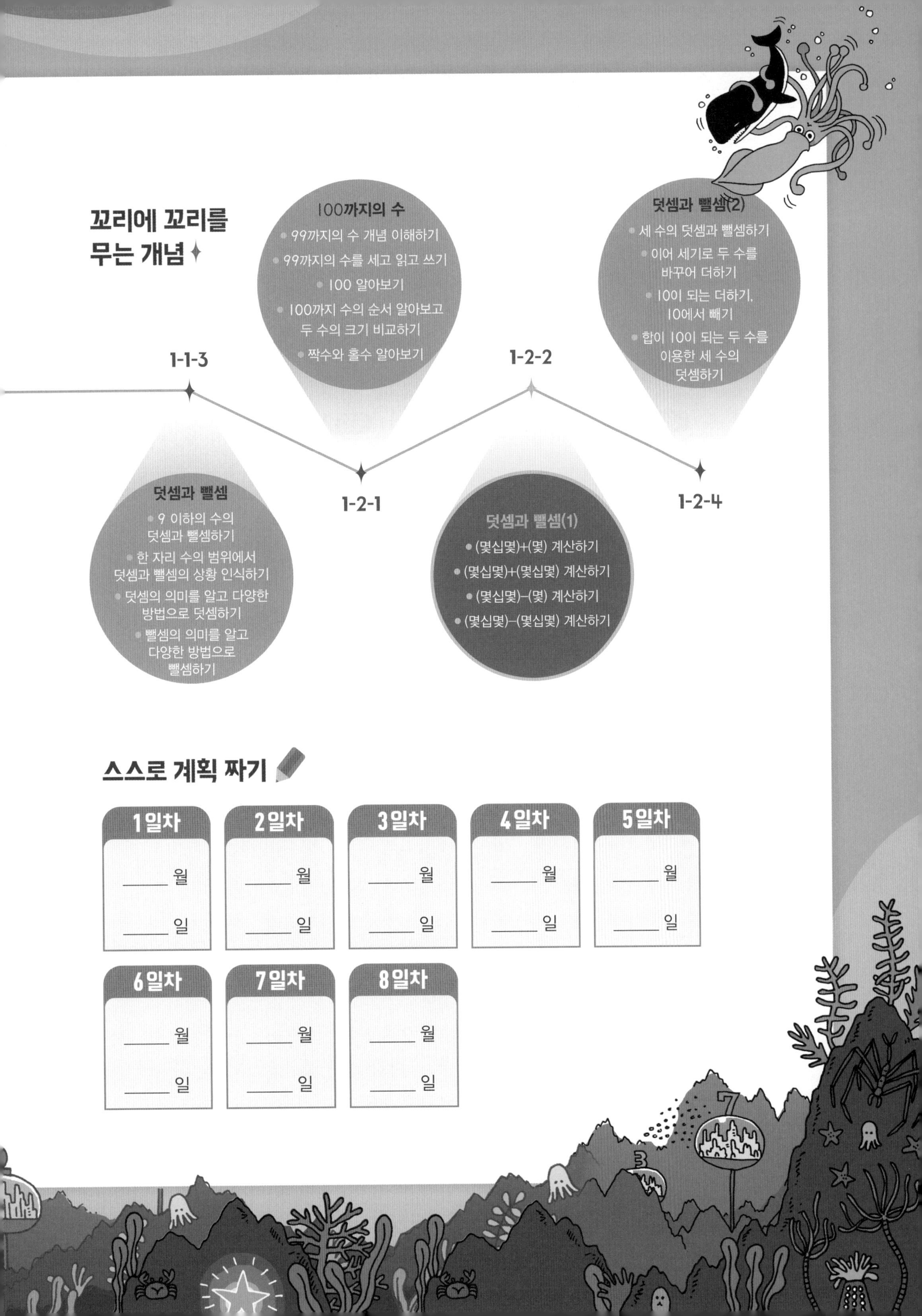

꼬리에 꼬리를 무는 개념

스스로 계획 짜기

1일차	2일차	3일차	4일차	5일차
____ 월 ____ 일	____ 월 ____ 일	____ 월 ____ 일	____ 월 ____ 일	____ 월 ____ 일

6일차	7일차	8일차
____ 월 ____ 일	____ 월 ____ 일	____ 월 ____ 일

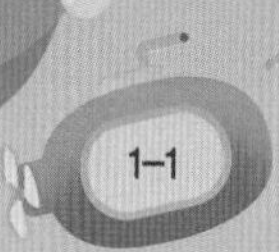

9까지의 수 덧셈과 뺄셈하기

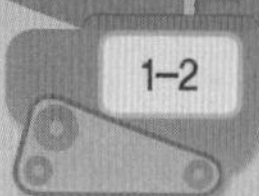

몇십몇 알아보기

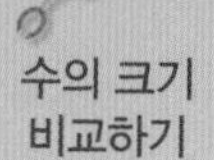

수의 크기 비교하기

기억 1 9까지의 수 덧셈과 뺄셈하기

• 덧셈식으로 나타내기

덧셈식 5+0=5

덧셈식 3+4=7

• 뺄셈식으로 나타내기

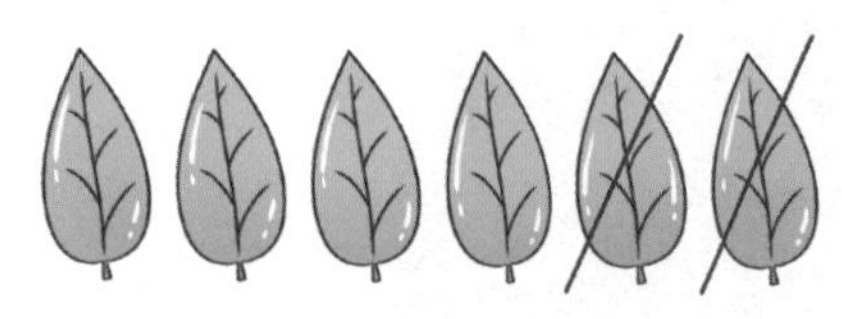

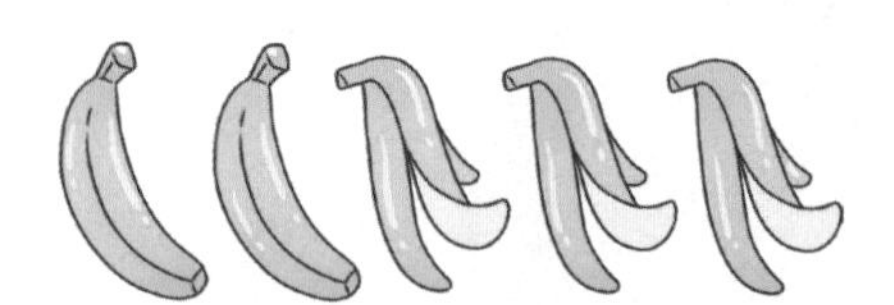

뺄셈식 6−2=4

뺄셈식 5−3=2

1 그림을 보고 알맞은 식을 써 보세요.

(1) 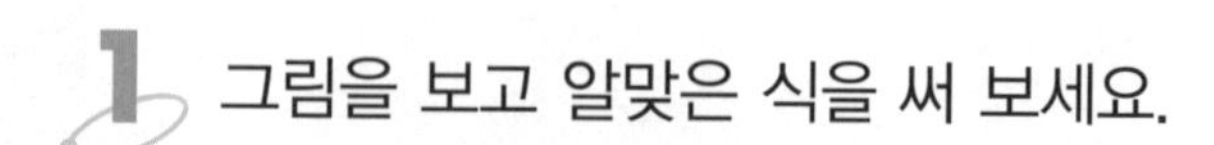

덧셈식 ____________

(2)

뺄셈식 ____________

2 덧셈과 뺄셈을 해 보세요.

(1) 0+4

(2) 2+7

(3) 3+3

(4) 9−5

(5) 7−5

(6) 5−3

기억 2 몇십몇 알아보기

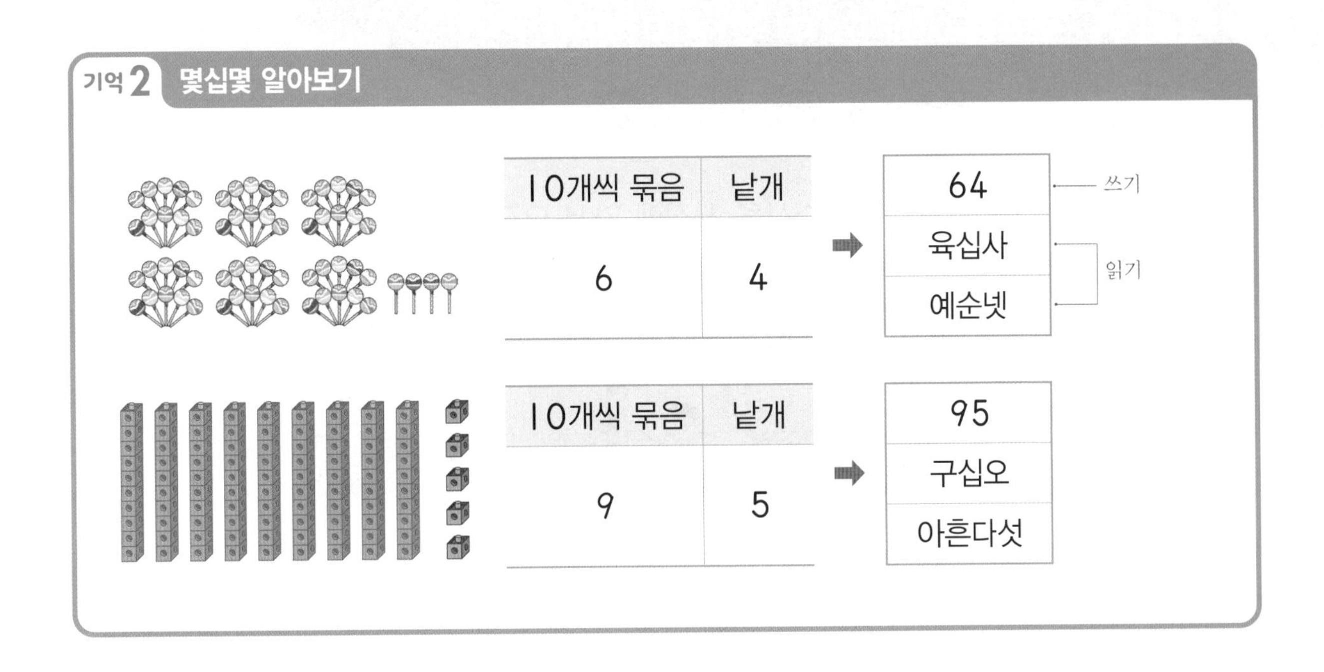

10개씩 묶음	낱개
6	4

➡ 64 (쓰기) / 육십사, 예순넷 (읽기)

10개씩 묶음	낱개
9	5

➡ 95 / 구십오 / 아흔다섯

3 빈칸에 알맞은 수를 쓰고 바르게 읽어 보세요.

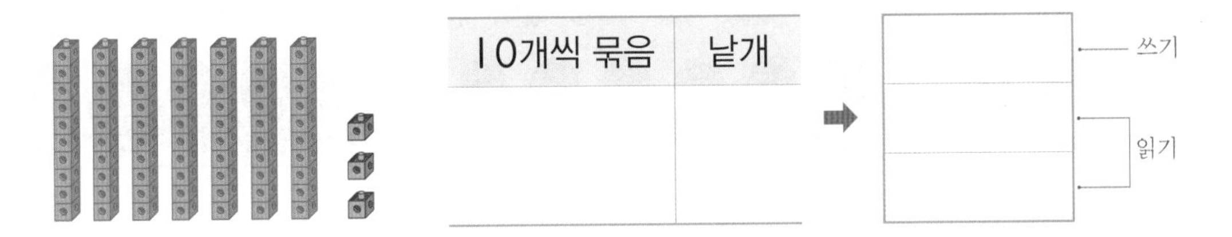

10개씩 묶음	낱개

기억 3 수의 크기 비교하기

1, 2, 3, 4, 5 …… 98, 99, 100

수의 배열에서 오른쪽에 있는 수가 더 큰 수입니다.

4 가장 큰 수에 ○표, 가장 작은 수에 △표 해 보세요.

(1) 33 44 22

(2) 85 58 54

생각열기 ①

오징어와 문어는 모두 몇 마리인가요?

[1~2] 봄이는 아버지와 함께 수산물 시장에 가서 오징어와 문어를 샀어요.

1 어제 봄이와 아버지는 오징어 12마리, 문어 15마리를 샀습니다. 물음에 답하세요.

(1) 어제 시장에서 산 오징어와 문어는 모두 몇 마리인지 구해 보세요.

(2) 모두 몇 마리인지 구하는 또 다른 방법이 있다면 설명해 보세요.

2 다음 날 봄이는 아버지와 수산물 시장에 다시 가서 할머니께 드릴 오징어를 11마리 더 샀습니다. 물음에 답하세요.

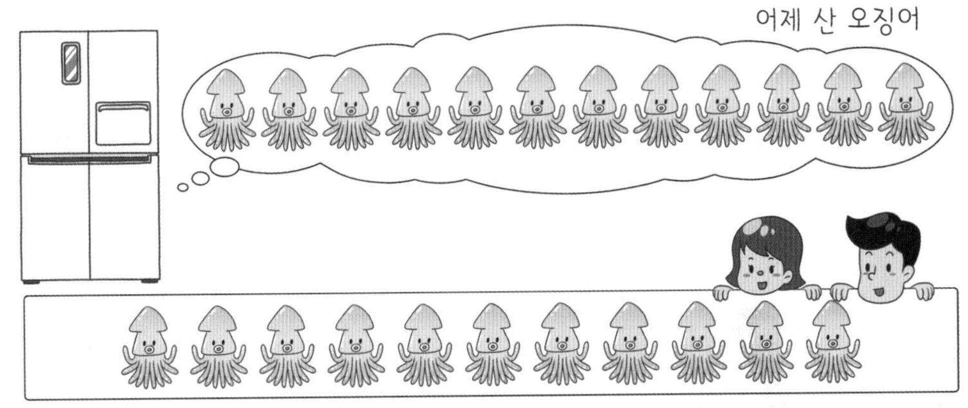

(1) 문제 1에서 어제 봄이와 아버지가 산 오징어는 몇 마리였나요?

(2) 오늘 봄이와 아버지가 할머니께 드리려고 산 오징어는 몇 마리인가요?

(3) 봄이와 아버지가 어제와 오늘 산 오징어는 모두 몇 마리인지 구해 보세요.

(4) 모두 몇 마리인지 구하는 또 다른 방법이 있다면 설명해 보세요.

개념활용 ❶-1

이어서 세거나 그림으로 더하기

[1~2] 냉장고 안의 모습을 보고 물음에 답하세요.

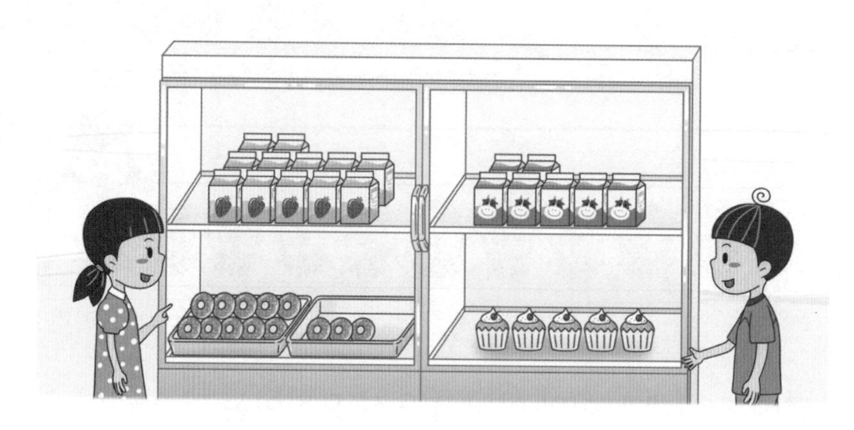

1 냉장고에 도넛이 13개, 머핀이 5개 있습니다. 물음에 답하세요.

(1) 도넛의 수만큼 ○를 그렸습니다. 머핀의 수만큼 빈칸에 △를 그려 보세요.

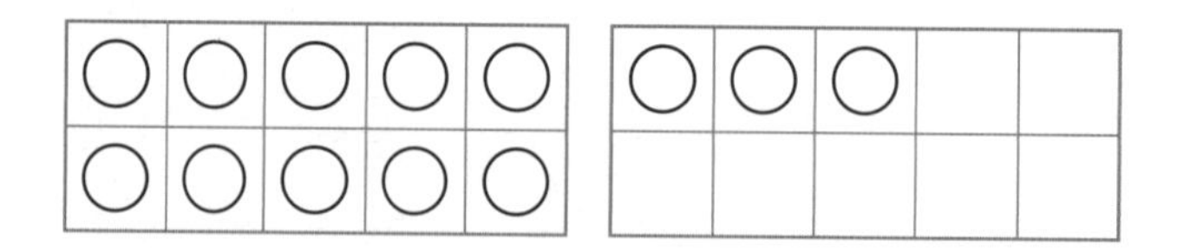

(2) (1)을 보고 도넛과 머핀이 모두 몇 개인지 덧셈식으로 나타내어 보세요.

____

2 딸기 우유가 12개, 흰 우유가 7개 있습니다. 물음에 답하세요.

(1) 우유가 모두 몇 개인지 세어 보세요.

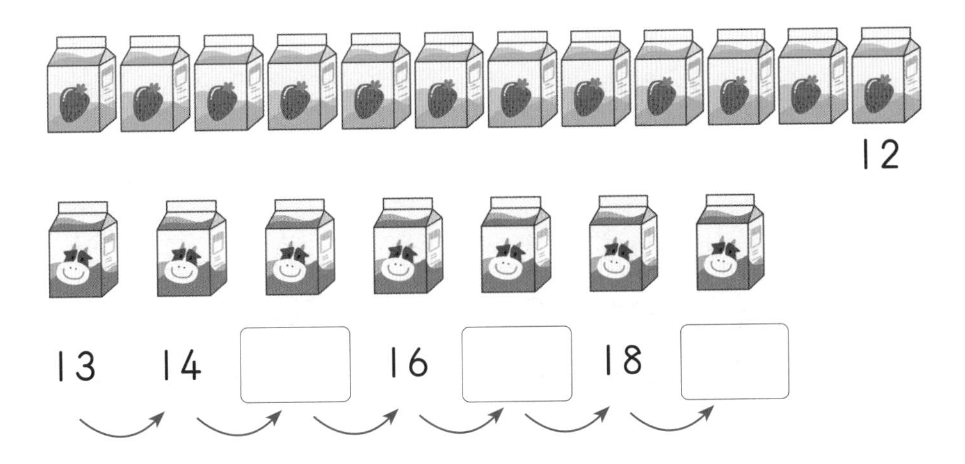

(2) 우유가 모두 몇 개인지 덧셈식으로 구해 보세요.

3 딸기맛 사탕이 23개 있었는데, 초코맛 사탕을 11개 더 샀습니다. 사탕은 모두 몇 개인지 덧셈식으로 나타내어 보세요.

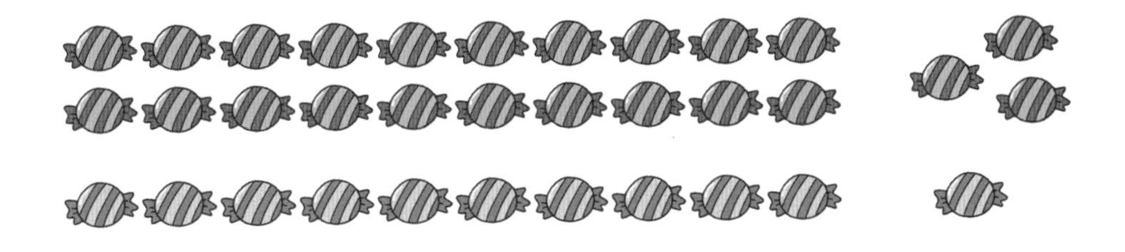

덧셈식 ______________________

개념활용 ①-1

이어서 세거나 그림으로 더하기

4 초원에 흰 양이 30마리, 검은 양이 20마리 있습니다. 물음에 답하세요.

(1) 그림을 보고 양이 모두 몇 마리인지 이어서 세어 보세요.

( )

(2) 흰 양의 수만큼 ○를, 검은 양의 수만큼 △를 그려 보세요.

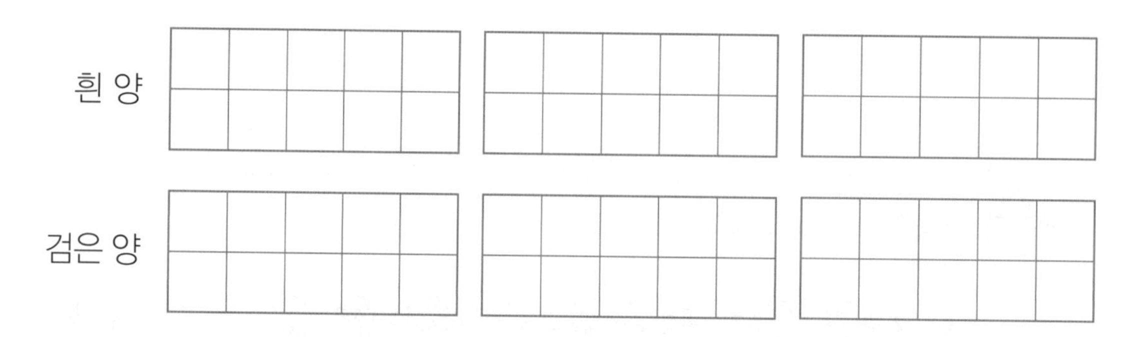

(3) (2)를 보고 양이 모두 몇 마리인지 덧셈식으로 나타내어 보세요.

덧셈식 ____________________

5 해바라기 35송이와 튤립 22송이가 있습니다. 물음에 답하세요.

(1) 이어서 세거나 그림을 그려서 꽃이 모두 몇 송이인지 구해 보세요.

(2) 위의 그림을 보고 꽃이 모두 몇 송이인지 덧셈식으로 나타내어 보세요.

____

개념 정리 이어서 세거나 그림으로 더하기

이어 세기로 덧셈하기 $12+3=15$

12 → 13 → 14 → 15

그림을 그려서 덧셈하기 $22+12=34$

○	○	○	○	○
○	○	○	○	○

○	○	○	○	○
○	○	○	○	○

○	○	△	△	△
△	△	△	△	△

△	△	△	△	

개념활용 ❶-2

세로로 덧셈하기

1 30+20을 어떻게 계산하는지 모형으로 알아보세요.

(1) □ 안에 알맞은 수를 써넣으세요.

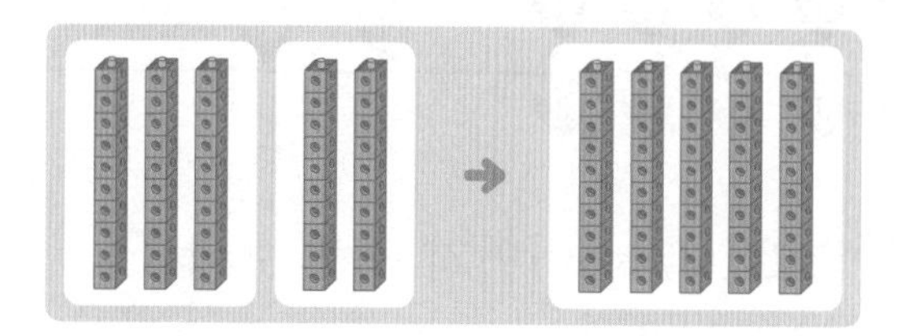

30+20=□

(2) □ 안에 알맞은 수를 쓰고, 어떻게 계산했는지 설명해 보세요.

$$\begin{array}{r} 30 \\ +\ 20 \\ \hline \end{array} \Rightarrow \begin{array}{r} 30 \\ +\ 20 \\ \hline 0 \end{array} \Rightarrow \begin{array}{r} 30 \\ +\ 20 \\ \hline \square 0 \end{array}$$

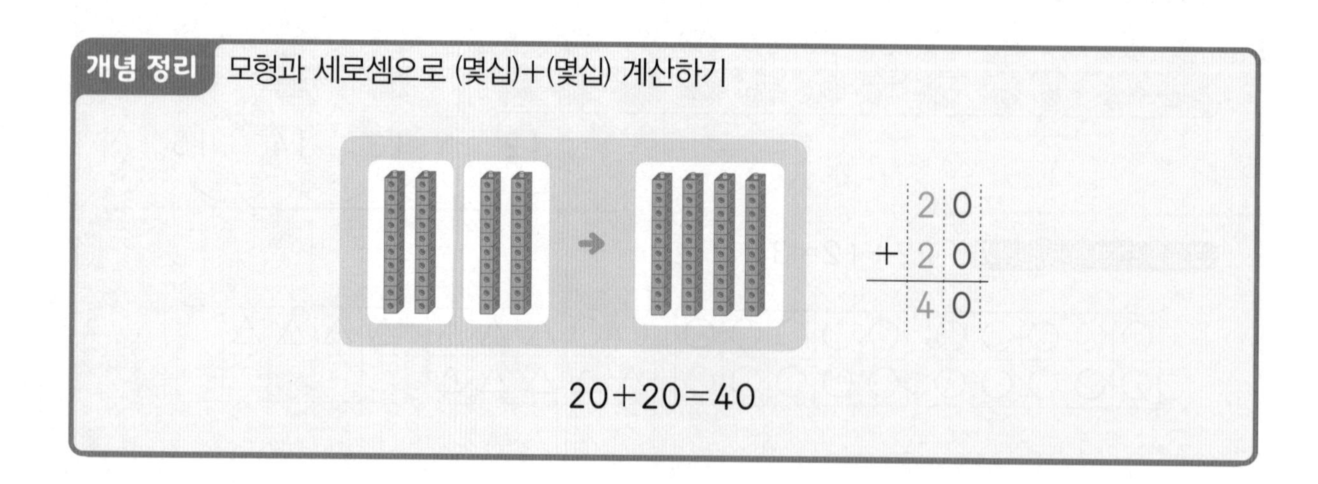

2 □ 안에 알맞은 수를 쓰고, 35+22를 어떻게 계산했는지 설명해 보세요.

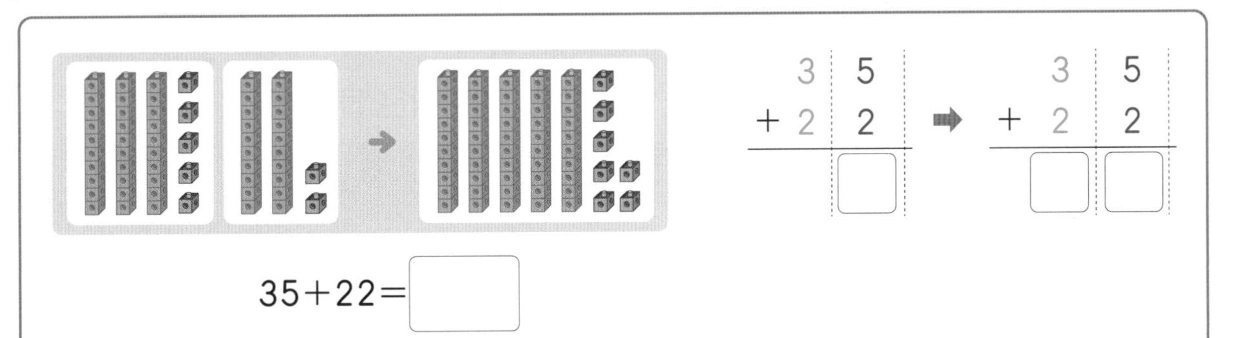

35+22=□

3 계산해 보세요.

(1) $\begin{array}{r} 10 \\ +\,60 \\ \hline \end{array}$

(2) $\begin{array}{r} 21 \\ +\,24 \\ \hline \end{array}$

(3) $\begin{array}{r} 52 \\ +\,33 \\ \hline \end{array}$

4 계산해 보세요.

(1) 15+4

(2) 30+40

(3) 25+52

개념 정리 모형과 세로셈으로 두 자리 수의 덧셈하기

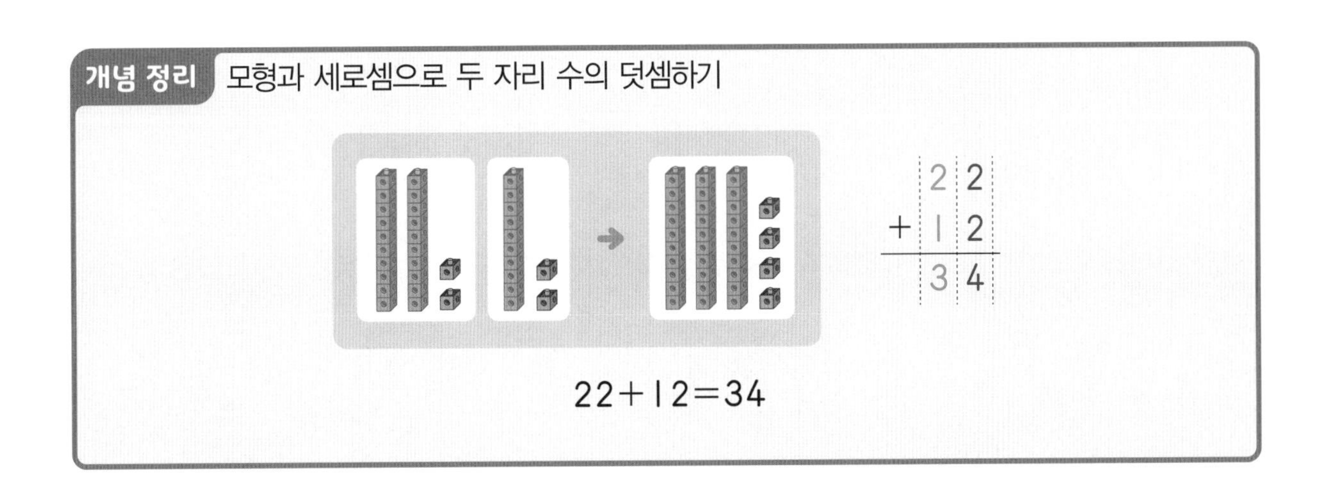

생각열기 ②

시장에 내다 판 물고기는 몇 마리인가요?

1 여름이 어머니는 바다에서 물고기를 잡아 그중 너무 작은 물고기들은 놓아주고 나머지는 시장에 내다 팝니다. 물음에 답하세요.

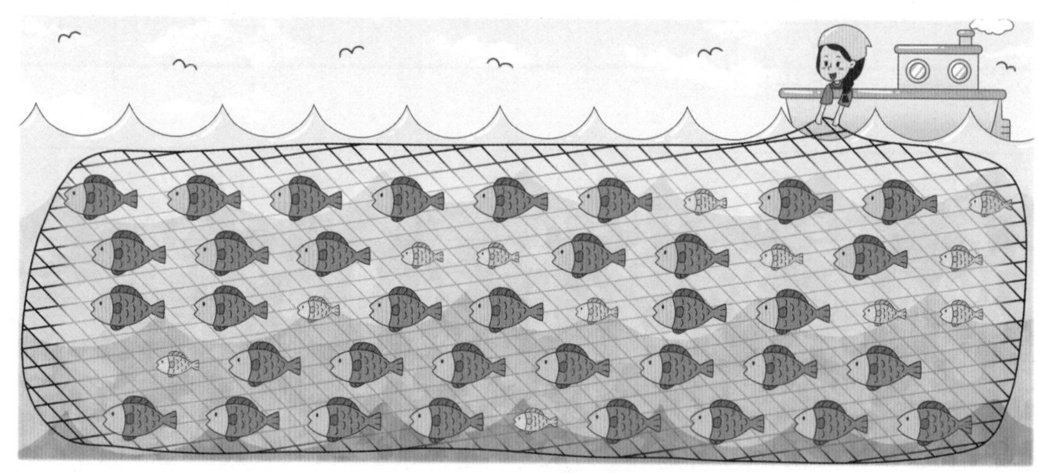

여름이 어머니가 잡은 물고기

(1) 오늘 여름이 어머니가 잡은 물고기는 모두 몇 마리인가요?

(   )

(2) 여름이 어머니가 놓아주어야 할 작은 물고기는 몇 마리인가요?

(   )

(3) 시장에 내다 팔 물고기의 수는 어떻게 구할 수 있는지 써 보세요.

2 여름이 어머니가 시장에 나가 어제 판 물고기와 오늘 판 물고기의 수를 비교해 보세요.

(1) 문제 1에서 오늘 내다 판 물고기는 몇 마리였나요?

( )

(2) 어제 판 물고기는 다음과 같습니다. 어제 판 물고기는 몇 마리인가요?

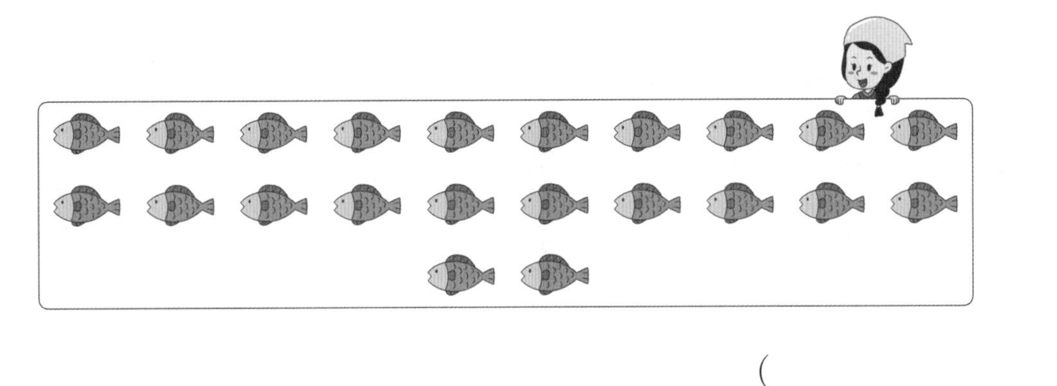

( )

(3) 오늘 판 물고기가 어제 판 물고기보다 몇 마리 더 많은지 구하는 방법을 써 보세요.

(4) 오늘 판 물고기는 어제 판 물고기보다 몇 마리 더 많은가요?

개념활용 ❷-1

지워서 빼거나 그림을 그려서 빼기

1 다람쥐는 겨울을 나기 위해 도토리 47개를 모아 놓았습니다. 그중 4개를 먹었다면 남은 도토리는 몇 개인지 알아보세요.

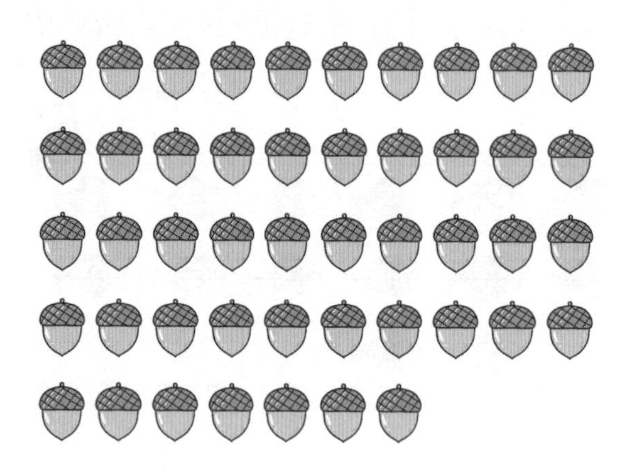

(1) 다람쥐가 먹은 도토리의 수만큼 ╳로 지워 보세요.

(2) ╳로 지우고 남은 도토리의 수를 세어 보세요.

(　　　　　　　　)

(3) 위의 그림을 보고 남은 도토리의 수를 뺄셈식으로 나타내어 보세요.

2 쿠키가 37개 있었는데 14개를 먹었습니다. 남은 쿠키는 몇 개인지 뺄셈식으로 나타내어 보세요.

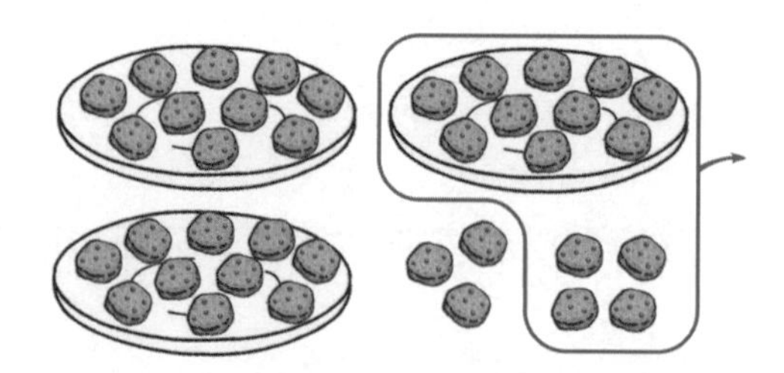

3 공원에 하늘색 풍선 25개와 빨간색 풍선 12개가 있습니다. 물음에 답하세요.

(1) 하늘색 풍선의 수만큼 ○를 그렸습니다. 빨간색 풍선의 수만큼 △를 그려 보세요.

하늘색 풍선	○	○	○	○	○	○	○	○	○	○	○	○	○	○	○
	○	○	○	○	○	○	○	○	○	○					

빨간색 풍선										

(2) 하늘색 풍선과 빨간색 풍선의 수를 비교해 보세요. 하늘색 풍선은 빨간색 풍선보다 몇 개 더 많은가요?

(3) 하늘색 풍선은 빨간색 풍선보다 몇 개 더 많은지 뺄셈식으로 나타내어 보세요.

 뺄셈식 ______________________

지워서 빼거나 그림을 그려서 빼기

4 수족관에 물고기가 30마리 있었는데 20마리가 팔렸습니다. 물음에 답하세요.

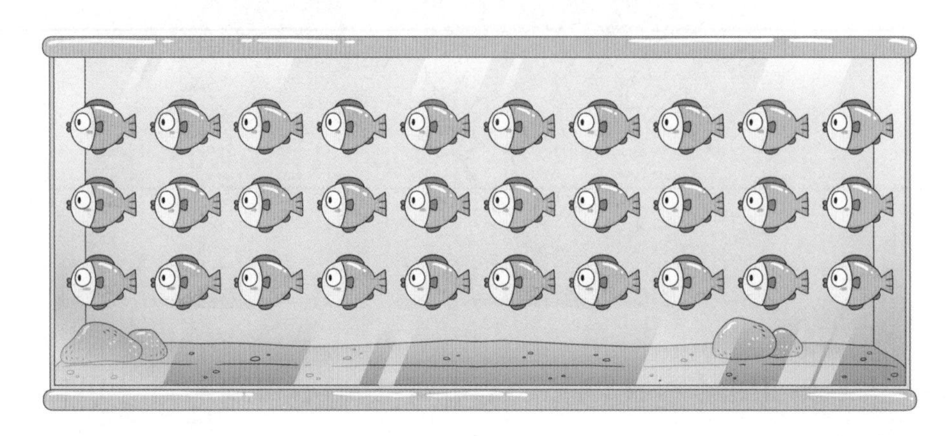

(1) 팔린 물고기의 수만큼 ╳로 지워 보세요.

(2) 위의 그림을 뺄셈식으로 나타내어 보세요.

뺄셈식 ______________________

(3) 수족관에 남아 있는 물고기는 몇 마리인가요?

(　　　　　　　　)

개념 정리 지워서 뺄셈하기

$27-3=24$

5 불가사리 35마리와 새우 24마리가 있습니다. 물음에 답하세요.

(1) 불가사리의 수만큼 ○를, 새우의 수만큼 △를 그려 보세요.

불가사리

새우

(2) 위의 그림을 뺄셈식으로 나타내어 보세요. 어느 것이 몇 마리 더 많을까요?

뺄셈식 __________

☐가 ☐보다 ☐마리 더 많습니다.

개념 정리 그림을 그리고 비교해서 뺄셈하기

$28-11=17$

개념활용 ❷-2

세로로 뺄셈하기

1 30−20을 어떻게 계산하는지 모형으로 알아보세요.

(1) □ 안에 알맞은 수를 써넣으세요.

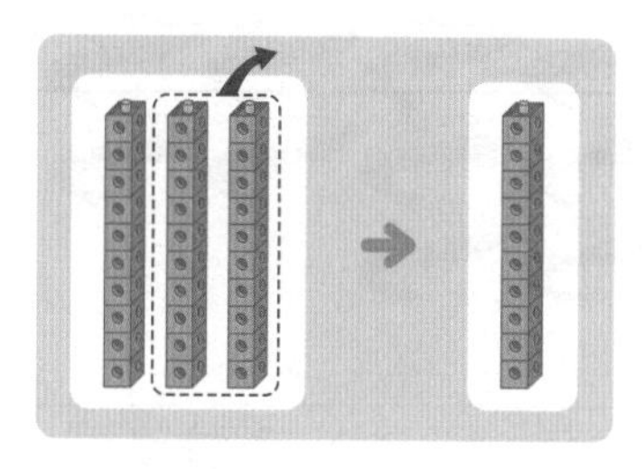

30−20=□

(2) □ 안에 알맞은 수를 쓰고, 어떻게 계산했는지 설명해 보세요.

$$\begin{array}{rr} & 3\,0 \\ - & 2\,0 \\ \hline & \end{array} \Rightarrow \begin{array}{rr|r|} & 3 & 0 \\ - & 2 & 0 \\ \hline & & 0 \end{array} \Rightarrow \begin{array}{rr|r|} & 3 & 0 \\ - & 2 & 0 \\ \hline & \square & 0 \end{array}$$

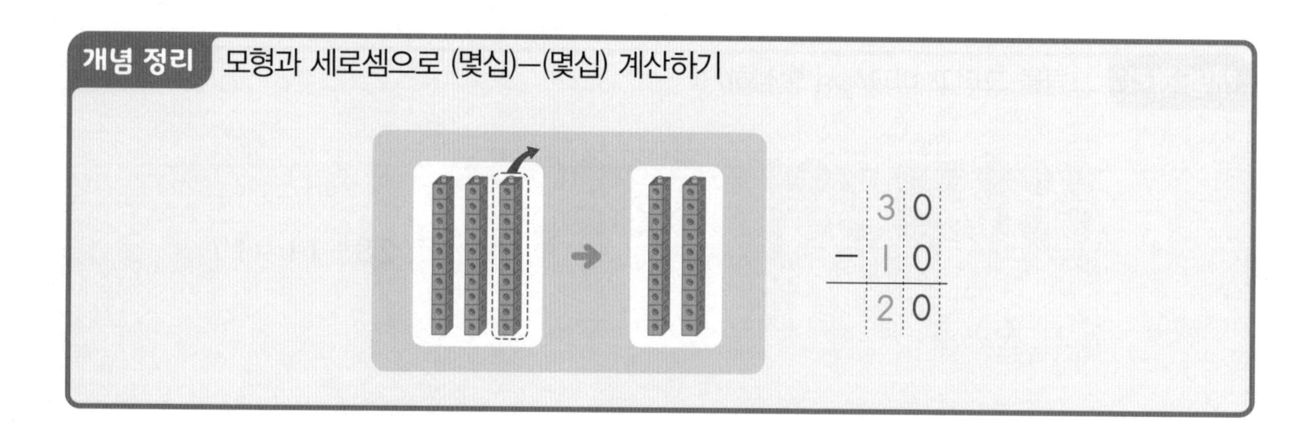

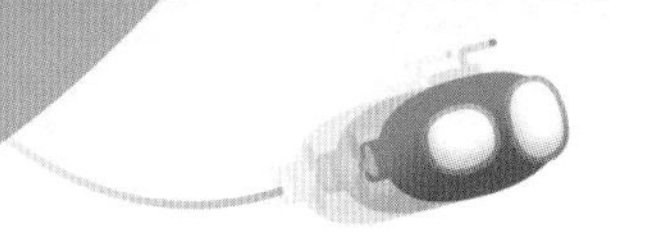

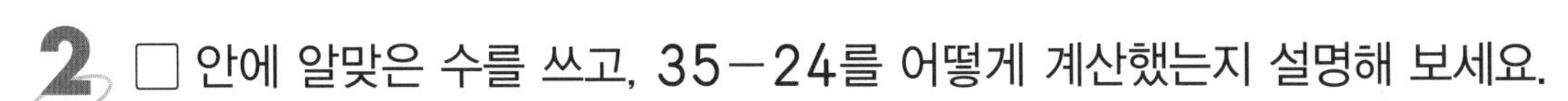

2 □ 안에 알맞은 수를 쓰고, 35－24를 어떻게 계산했는지 설명해 보세요.

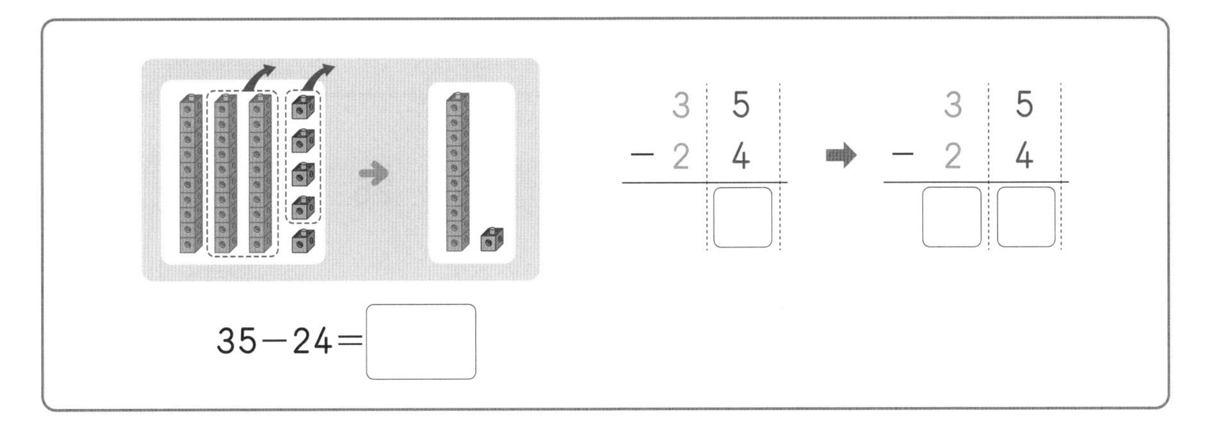

3 계산해 보세요.

(1)
$$\begin{array}{r} 60 \\ -\ 10 \\ \hline \end{array}$$

(2)
$$\begin{array}{r} 24 \\ -\ 21 \\ \hline \end{array}$$

(3)
$$\begin{array}{r} 53 \\ -\ 32 \\ \hline \end{array}$$

4 계산해 보세요.

(1) 25－4

(2) 50－40

(3) 55－32

개념 정리 모형과 세로셈으로 두 자리 수의 뺄셈하기

$$\begin{array}{r} 28 \\ -\ 11 \\ \hline 17 \end{array}$$

표현하기

덧셈과 뺄셈(1)

스스로 정리 덧셈과 뺄셈을 여러 가지 방법으로 계산해 보세요.

1 52+34

-
-
-

2 76−25

-
-
-

개념 연결 덧셈과 뺄셈을 계산하고 수를 쓰고 읽어 보세요.

주제	계산하기, 수 쓰고 읽기
덧셈과 뺄셈	(1) 2+7 (2) 8−3
몇십몇	| 10개씩 묶음 | 낱개 | → 쓰기 / 읽기

9까지의 수의 덧셈과 뺄셈 방법, 몇십몇을 연결하여 몇십몇끼리의 덧셈과 뺄셈 방법을 친구에게 편지로 설명해 보세요.

1 (몇십몇)+(몇십몇)

2 (몇십몇)−(몇십몇)

선생님 놀이

1 희연이는 줄넘기를 아침에 25번 했고, 저녁에 43번 했습니다. 희연이는 오늘 줄넘기를 모두 몇 번 했는지 여러 가지 방법으로 계산하고 다른 사람에게 설명해 보세요.

2 놀이터에서 27명의 아이들이 놀고 있었습니다. 그중 13명이 집으로 돌아갔습니다. 놀이터에 남아 있는 아이들은 몇 명인지 여러 가지 방법으로 계산하고 다른 사람에게 설명해 보세요.

덧셈과 뺄셈은 이렇게 연결돼요

1-1 9까지의 수 덧셈과 뺄셈하기

1-2 받아올림과 받아내림이 없는 두 자리 수 덧셈과 뺄셈하기

1-2 (몇)+(몇)=(십몇), (십몇)−(몇)=(몇)

2-1 받아올림과 받아내림이 있는 두 자리 수 덧셈과 뺄셈하기

1 그림을 보고 덧셈을 해 보세요.

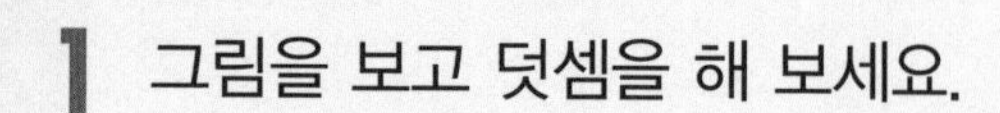

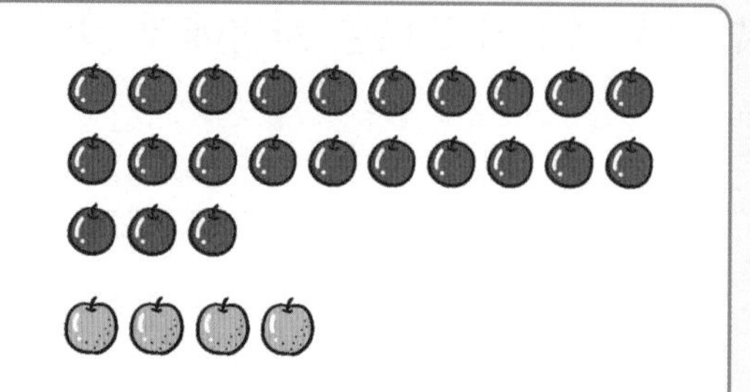

23+4=☐

2 두 수의 합을 구해 보세요.

50　40

☐

3 계산 결과를 찾아 ○표 해 보세요.

51+14

(65 , 77 , 87)

4 빼는 수만큼 /로 지워 26－4를 계산해 보세요.

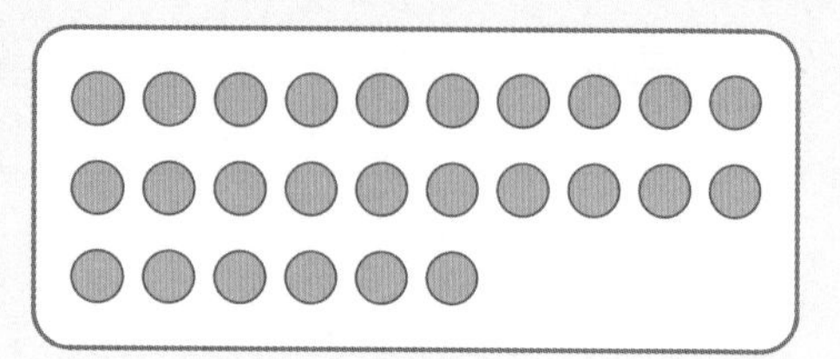

26－4=☐

5 두 수의 차를 구해 보세요.

50　20

☐

6 계산 결과를 찾아 ○표 해 보세요.

67－31

(30 , 33 , 36)

7 계산해 보세요.

(1) $\begin{array}{r} 24 \\ +\ 14 \\ \hline \end{array}$ (2) $\begin{array}{r} 68 \\ -\ 42 \\ \hline \end{array}$

8 빈칸에 알맞은 수를 써넣으세요.

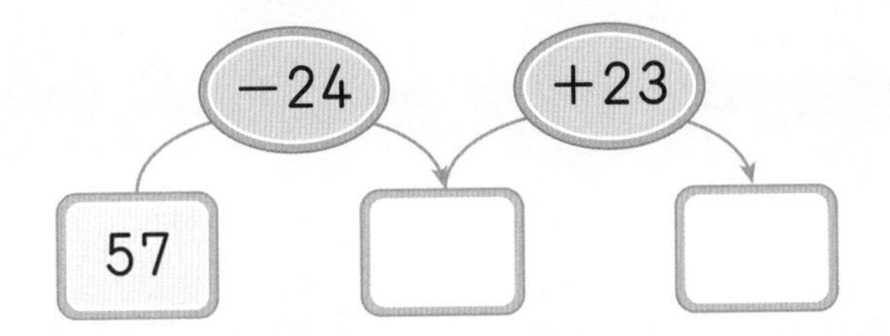

9 계산 결과가 같은 것끼리 이어 보세요.

43−2 •	• 60−30
34−4 •	• 89−48

10 78−6을 다음과 같이 계산하였습니다. 계산이 틀린 부분을 바르게 고치고, 이유를 써 보세요.

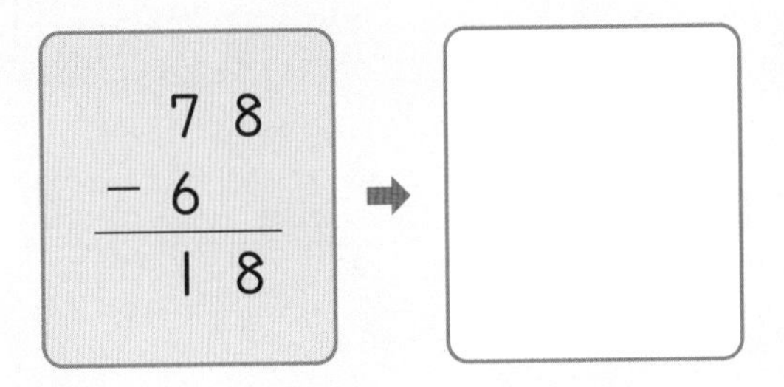

이유 ________________________

____

11 계산 결과를 비교하여 ○ 안에 >, =, <를 알맞게 써넣으세요.

90−50 ○ 22+17

12 계산 결과가 짝수인 것을 모두 색칠해 보세요.

39+20	68−12
17+31	46−5

단원평가 심화

1 수 카드 2장을 모두 사용하여 덧셈식과 뺄셈식을 만들고 계산해 보세요.

덧셈식 ______________________　　뺄셈식 ______________________

2 □ 안에 알맞은 수를 써넣으세요.

3 가장 큰 수와 가장 작은 수의 합과 차를 구해 보세요.

31	55	50

합 (　　　　　　　　), 차 (　　　　　　　　)

4 양궁은 일정한 거리에서 활로 화살을 쏘아 표적을 맞히는 경기입니다. 시은이는 양궁판을 만들어 화살을 3번 쏘았습니다. 시은이가 얻은 점수의 합은 몇 점인가요?

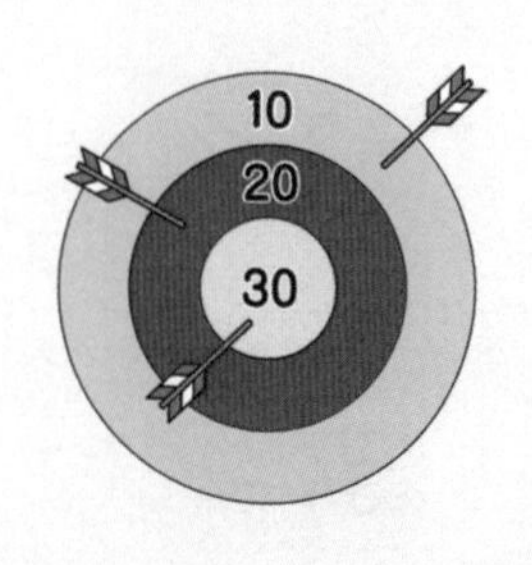

(　　　　　　　　)

5 초콜릿을 봄이는 10개 가지고 있고 가을이는 봄이보다 3개 더 많이 가지고 있습니다. 두 사람이 가진 초콜릿의 수는 모두 몇 개인지 구해 보세요.

(　　　　　　　　)

6 같은 모양은 같은 수를 나타냅니다. ★을 구해 보세요.

25+24=♣

♣−□=35

□+13=★

(　　　　　　　　)

7 수 카드를 한 번씩만 사용하여 몇십몇을 만들려고 합니다. 만들 수 있는 수 중에서 가장 큰 수와 가장 작은 수의 차를 구해 보세요.

7	8	2	4	3

(　　　　　　　　)

8 보기 와 같은 규칙으로 계산하여 빈 곳에 알맞은 수를 써넣으세요.

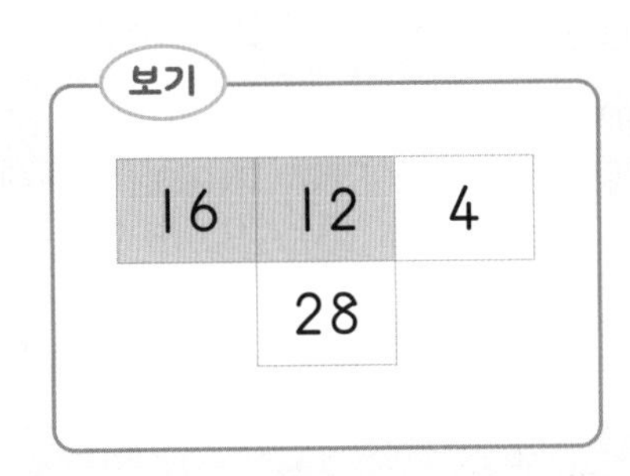

보기

16	12	4
	28	

37	12	

3 집에 있는 모양을 그려 볼까요?

여러 가지 모양

★ 생활 주변에서 여러 가지 물건을 관찰하여 △, □, ○의 모양을 찾고, 그것을 이용하여 여러 가지 모양을 꾸밀 수 있어요.

Check

스스로 다짐하기

- □ 말한 것, 생각한 것을 글로 꼭 써 보세요.
- □ 정답만 쓰지 말고 이유도 써 보세요.
- □ 익숙하게 빨리 하는 것도 필요해요.
- □ 빨리 하는 것도 중요하지만, 자세하고 정확하게 하는 것이 더 중요해요.

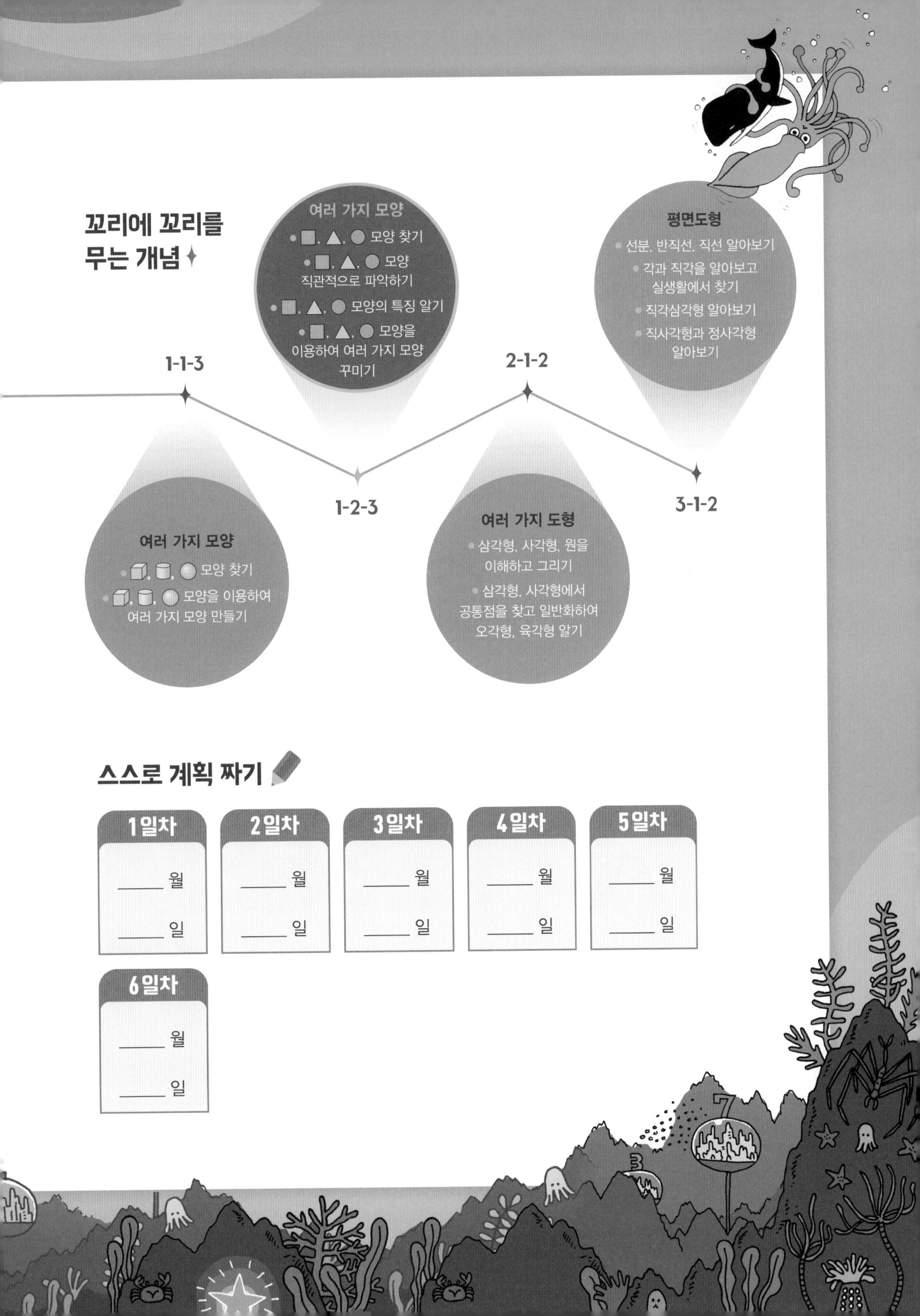

꼬리에 꼬리를 무는 개념

1-1-3 여러 가지 모양
- ▢, ▢, ◯ 모양 찾기
- ▢, ▢, ◯ 모양을 이용하여 여러 가지 모양 만들기

1-2-3 여러 가지 모양
- ■, ▲, ● 모양 찾기
- ■, ▲, ● 모양 직관적으로 파악하기
- ■, ▲, ● 모양의 특징 알기
- ■, ▲, ● 모양을 이용하여 여러 가지 모양 꾸미기

2-1-2 여러 가지 도형
- 삼각형, 사각형, 원을 이해하고 그리기
- 삼각형, 사각형에서 공통점을 찾고 일반화하여 오각형, 육각형 알기

3-1-2 평면도형
- 선분, 반직선, 직선 알아보기
- 각과 직각을 알아보고 실생활에서 찾기
- 직각삼각형 알아보기
- 직사각형과 정사각형 알아보기

스스로 계획 짜기

1일차	2일차	3일차	4일차	5일차	6일차
____ 월	____ 월	____ 월	____ 월	____ 월	____ 월
____ 일	____ 일	____ 일	____ 일	____ 일	____ 일

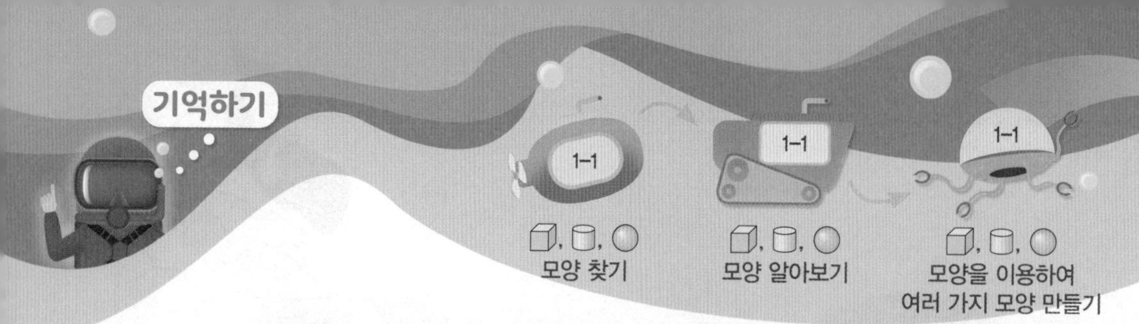

기억 1 모양 찾기

- 은 모양입니다.
- 은 모양입니다.
- 은 모양입니다.

1 모양에 ○표 해 보세요.

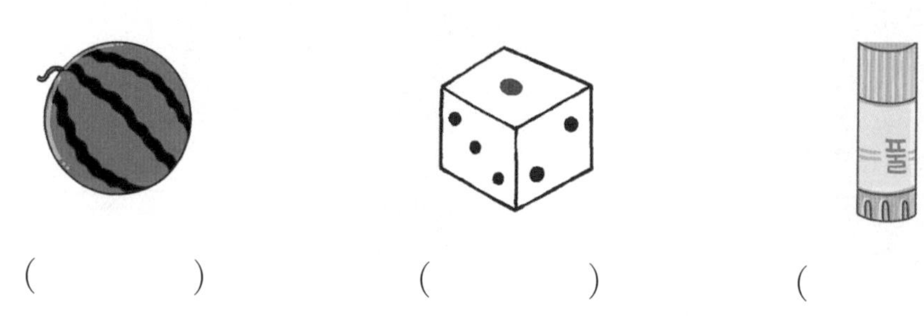

( ) ( ) ( )

2 같은 모양끼리 이어 보세요.

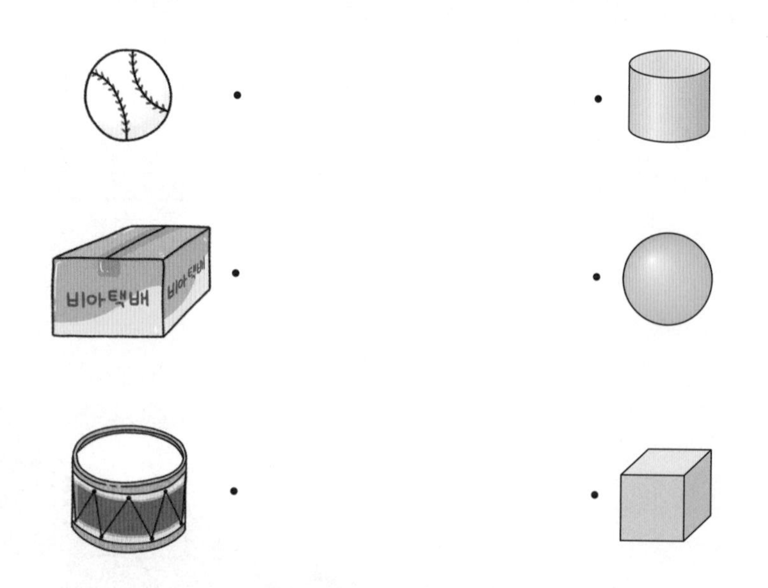

기억 2 ▢, ▢, ◯ 모양 알아보기

- ▢ : 뾰족한 부분이 있습니다. 잘 쌓을 수 있습니다. 잘 굴러가지 않습니다.
- ▢ : 둥글고 깁니다. 눕히면 잘 굴러가고 세우면 쌓을 수 있습니다.
- ◯ : 모든 부분이 둥급니다. 잘 굴러가고 쌓을 수 없습니다.

3 보이는 모양을 보고 알맞게 이어 보세요.

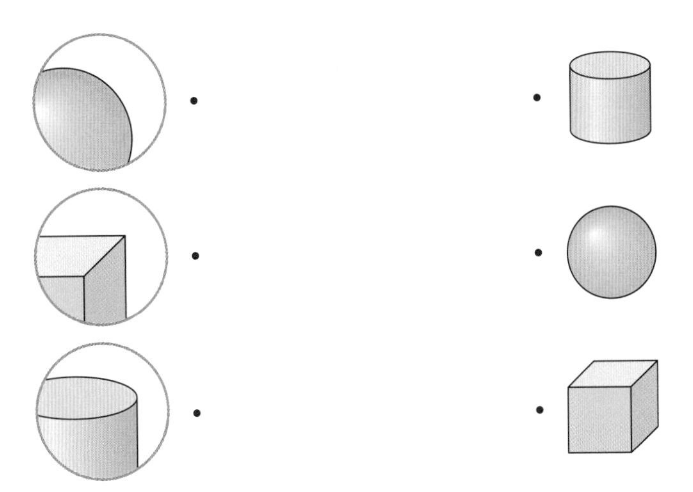

기억 3 ▢, ▢, ◯ 모양을 이용하여 여러 가지 모양 만들기

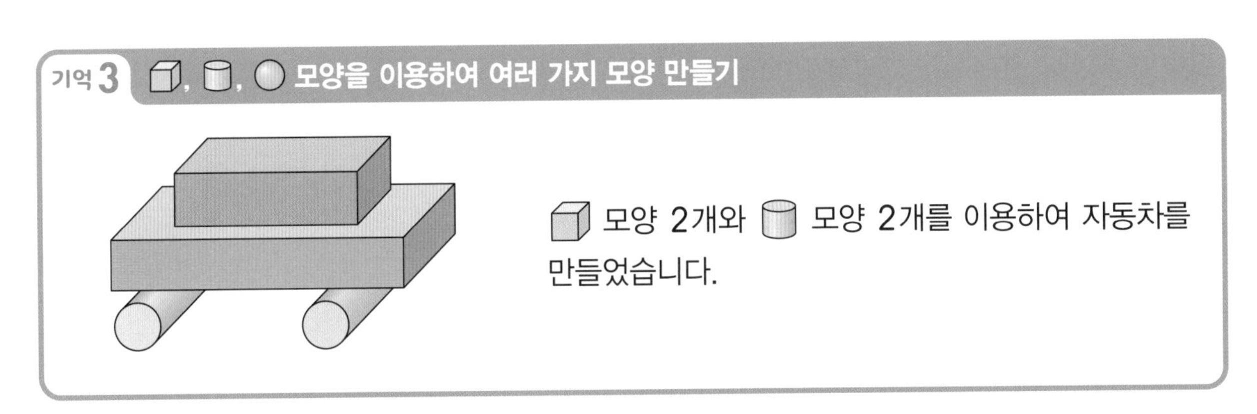

4 ▢, ▢, ◯ 모양의 수를 세어 써 보세요.

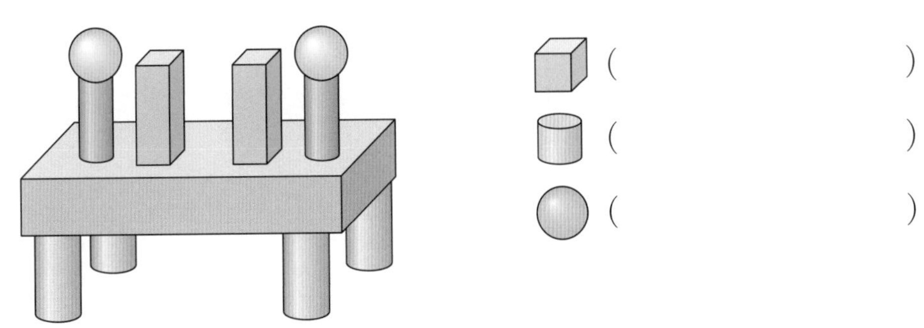

생각열기 1

집에 있는 여러 물건을 그려 볼까요?

1 여러 가지 모양에 대해 알아보세요.

(1) 우리 집에 있는 여러 가지 모양의 물건을 그려 보세요.

이런 그림을 그릴 수 있어요.

(2) 그린 물건들은 각각 어떤 모양인지 써 보세요.

2 여러 가지 모양을 이용하여 그려 보세요.

(1) □, △, ○ 모양을 이용하여 자유롭게 그림을 그려 보세요.

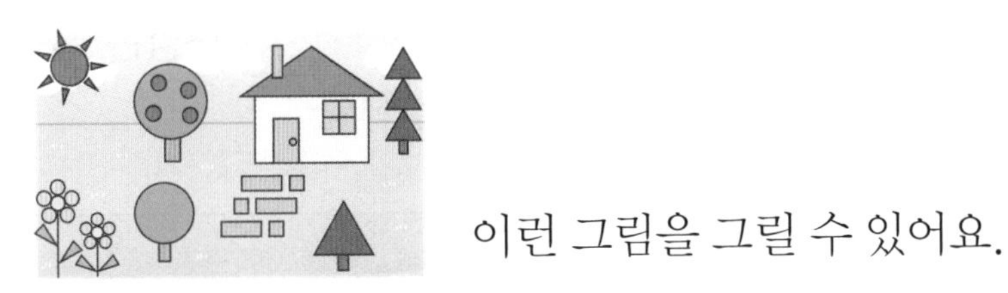

이런 그림을 그릴 수 있어요.

(2) 그림에 이용된 □, △, ○ 모양의 수를 세고 그림을 설명해 보세요.

(3) 그림에 제목을 붙여 보세요.

개념활용 ❶-1

여러 가지 모양 그리기

1 책상 위에 여러 가지 물건이 놓여 있습니다. □ 모양은 빨간색, △ 모양은 파란색, ○ 모양은 노란색으로 따라 그려 보세요.

2 주변에 있는 물건에서 ■, ▲, ● 모양을 찾아 자유롭게 써 보세요.

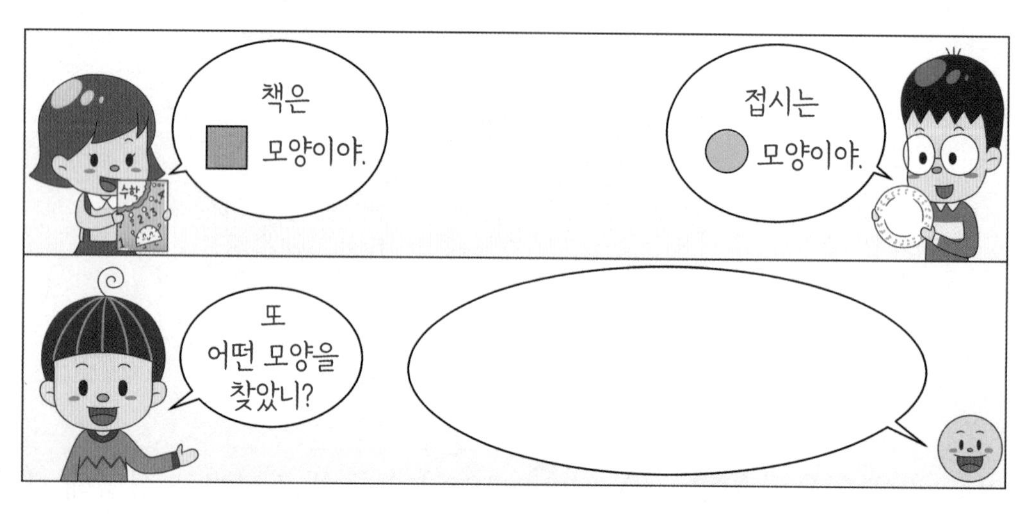

3 설명을 읽고 점판 위에 알맞은 모양을 그려 보세요.

(1) 달력과 같은 모양

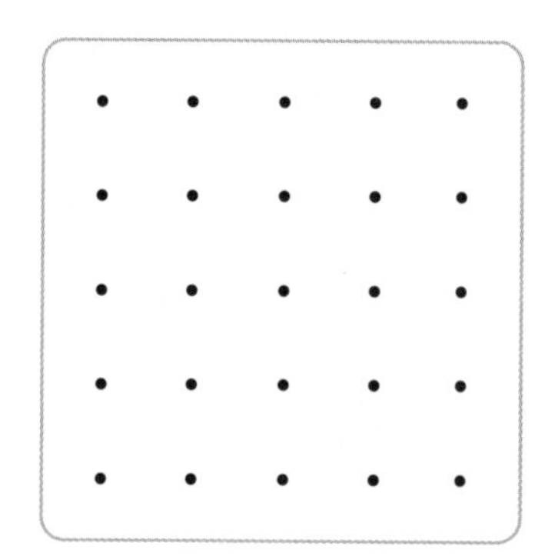

(2) 옷걸이에서 찾을 수 있는 모양

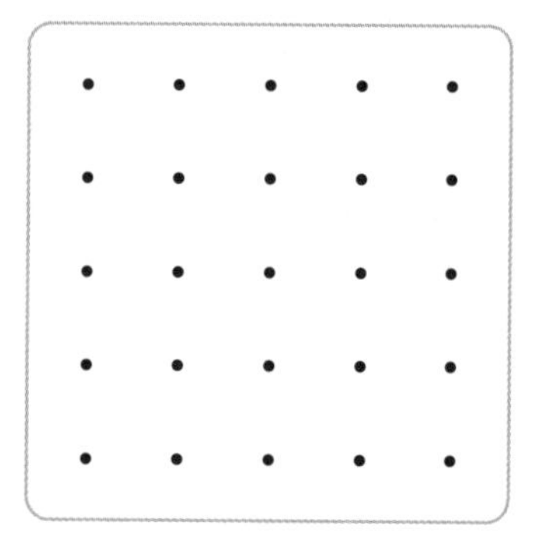

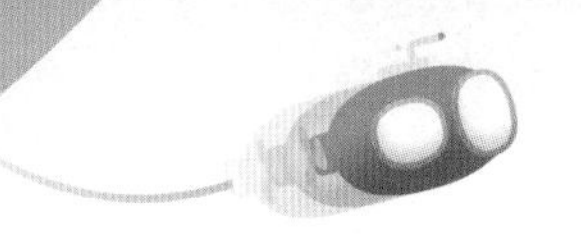

4 가을이는 방에 있는 물건들을 같은 모양끼리 모아 정리하려고 합니다. 각각의 칸에 알맞은 물건의 번호를 써 보세요.

5 겨울이네 집 근처에는 다양한 표지판이 있습니다. 표지판의 모양을 선으로 이어 보세요.

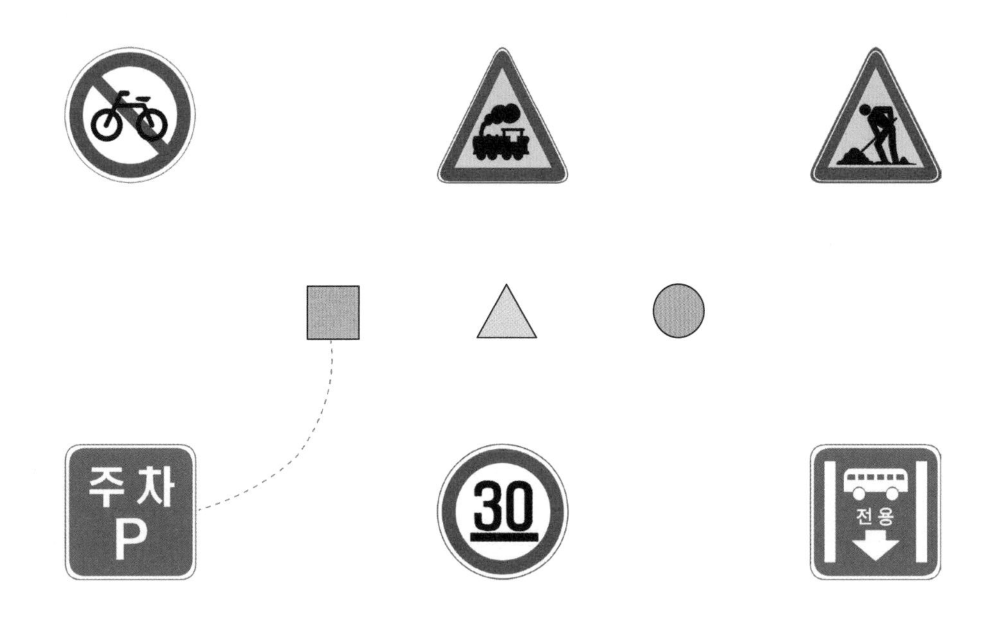

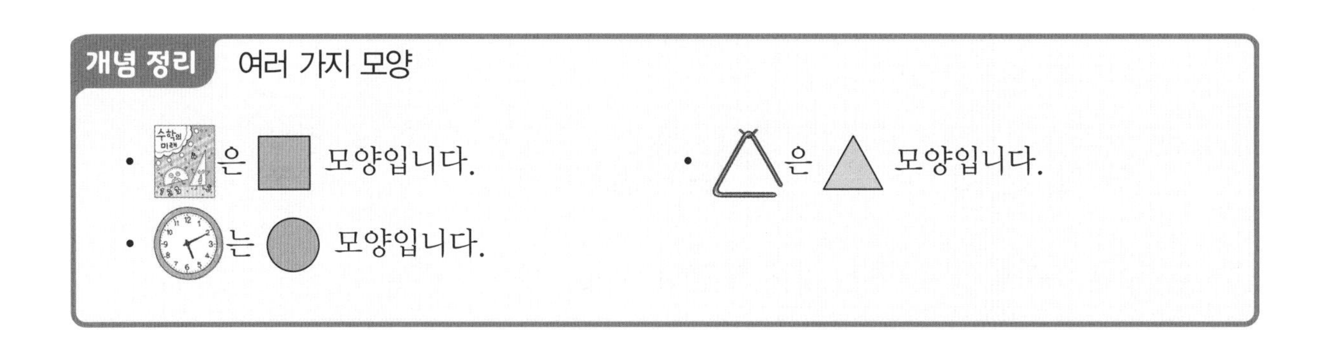

개념 정리 여러 가지 모양

- 은 ■ 모양입니다.
- 은 ▲ 모양입니다.
- 는 ● 모양입니다.

개념활용 ①-2

여러 가지 모양의 특징

1 물건을 종이 위에 대고 본떴을 때 나오는 모양을 그려 보세요.

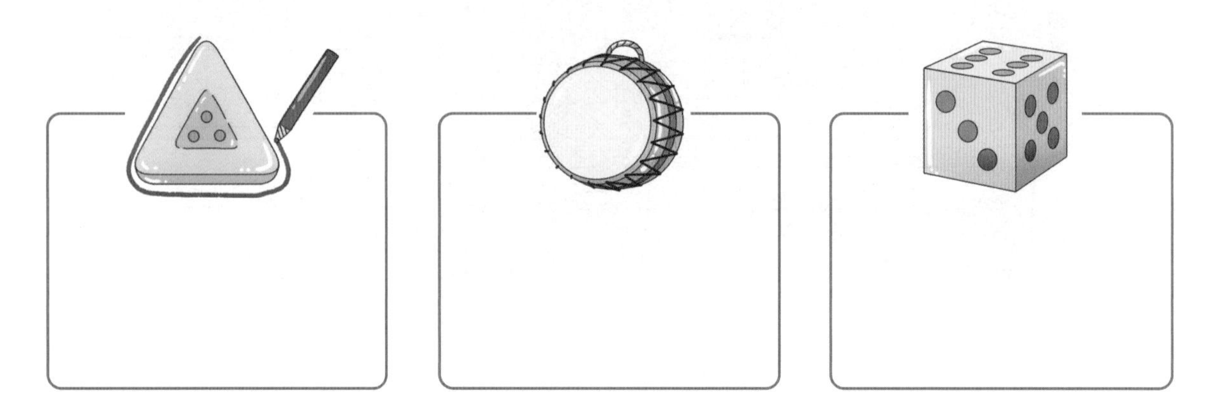

2 문제 1에서 그린 모양을 보고 ■, ▲, ● 모양의 특징이나 느낌을 써 보세요.

■	
▲	
●	

3 설명을 보고 ■, ▲, ● 모양 중 어떤 모양인지 그려 보세요.

뾰족한 부분을
잘 살펴봐.

뾰족한 곳이 4군데 있습니다.	
뾰족한 곳이 없습니다.	
뾰족한 곳이 3군데 있고 둥근 부분이 없습니다.	
둥근 부분이 있습니다. 바퀴 모양입니다.	

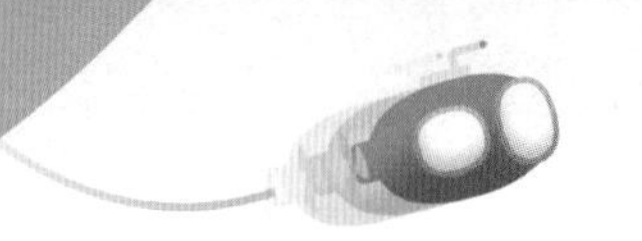

4 친구의 물음에 대한 내 생각을 자유롭게 써 보세요.

(1) 바퀴가 □ 모양이면 어떨까?

(2)  텔레비전이 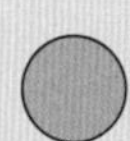 모양이면 어떨까?

(3)  훌라후프가 △ 모양이면 어떨까?

5 조각을 겹치지 않게 모아서 , 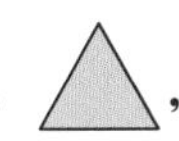,  모양이 완성되도록 선으로 이어 보세요.

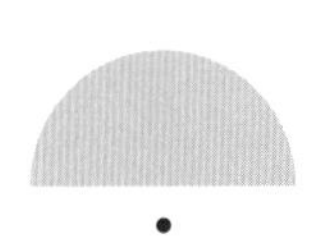 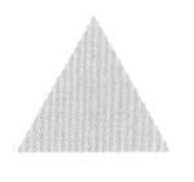 

  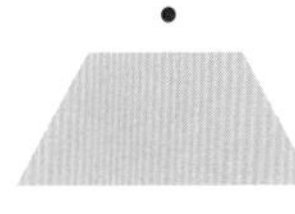

개념 정리 여러 가지 모양의 특징

- □ 모양은 뾰족한 곳이 4군데 있습니다.
- △ 모양은 뾰족한 곳이 3군데 있습니다.
- ○ 모양은 뾰족한 곳이 없습니다.

개념활용 ①-3

여러 가지 모양 꾸미기

1 붙임딱지를 이용하여 여러 가지 모양을 꾸며 보세요. 붙임딱지 사용

2 붙임딱지를 이용하여 그림을 완성해 보세요. 붙임딱지 사용

(1)

(2)

3 그림에 이용된 ■, ▲, ● 모양의 수를 각각 세어 보세요.

■ (　　　　　)

▲ (　　　　　)

● (　　　　　)

4 봄이가 이야기하는 모양을 찾아 ○표 해 보세요.

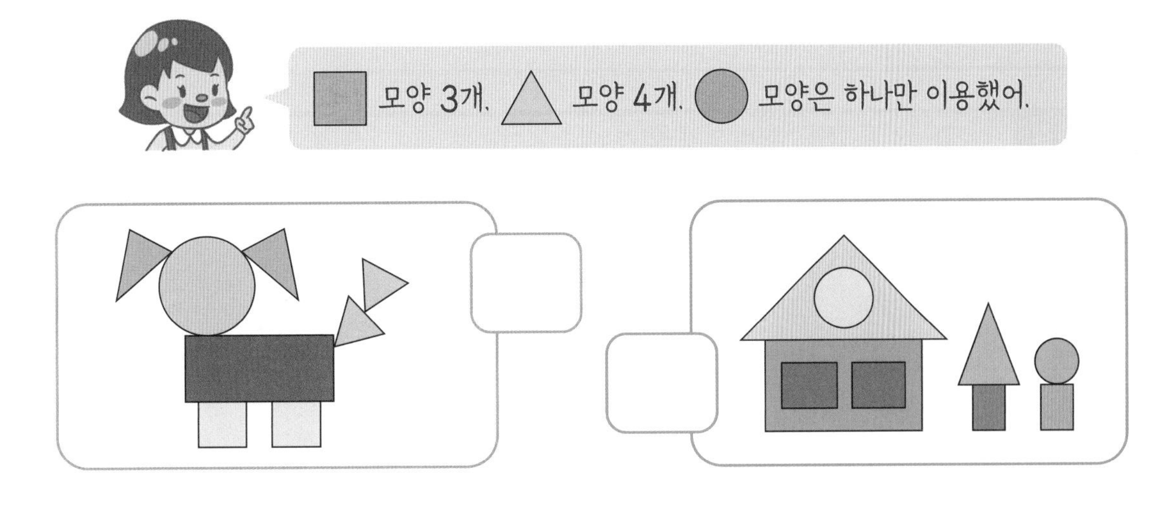

5 붙임딱지를 개수에 상관없이 이용하여 다음 모양을 완성해 보세요. 붙임딱지 사용

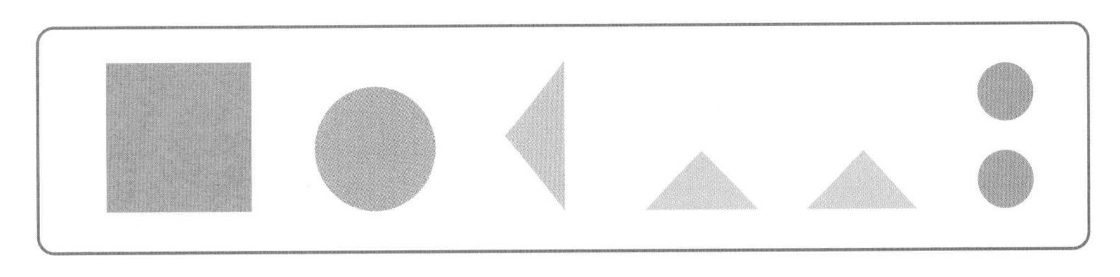

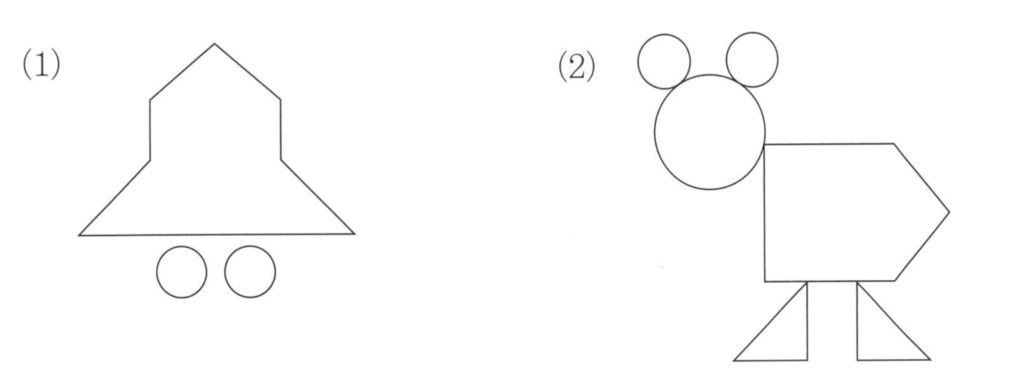

표현하기

여러 가지 모양

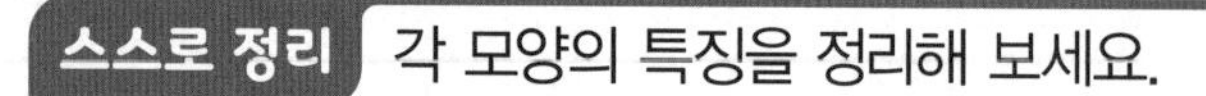

스스로 정리 각 모양의 특징을 정리해 보세요.

- 곧은 선으로 둘러싸여 있습니다.
-

(△)

- 곧은 선으로 둘러싸여 있습니다.
-

- 굽은 선으로 되어 있습니다.
-

개념 연결 각 모양의 특징을 설명해 보세요.

모양	특징 설명하기
(상자 모양)	• 평평하여 굴러가지 않습니다. • •
(둥근기둥 모양)	• 둥근 부분이 있습니다. • •
(공 모양)	• 모든 면이 둥그렇습니다. • •

1 (■), (▲), (●) 모양의 특징을 (상자 모양), (둥근기둥 모양), (공 모양) 모양의 특징과 연결하여 친구에게 편지로 설명해 보세요.

선생님 놀이

1 설명하는 모양을 찾아 알맞게 잇고 그 이유를 다른 사람에게 설명해 보세요.

뾰족한 곳이 모두 3군데 있어요.	•	• □
뾰족한 곳이 1군데도 없어요.	•	• △
뾰족한 곳이 모두 4군데 있어요.	•	• ○

2 세 친구의 설명에 대한 나의 의견을 다른 사람에게 설명해 보세요.

해는 ○와 △ 모양으로 되어 있어.

여름

나무는 △, □ 모양으로 되어 있네.

가을

집에는 ○, □, △ 모양이 모두 있어.

봄

여름이의 의견은 ______________________________

가을이의 의견은 ______________________________

봄이의 의견은 ______________________________

여러 가지 모양은 이렇게 연결돼요

1-1 여러 가지 모양

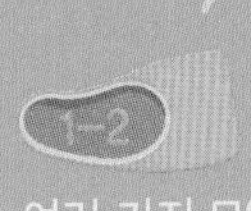

여러 가지 모양 □, △, ○

여러 가지 도형

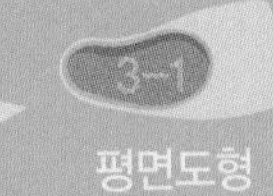

평면도형

단원평가 기본

1 같은 모양끼리 모아 기호를 써 보세요.

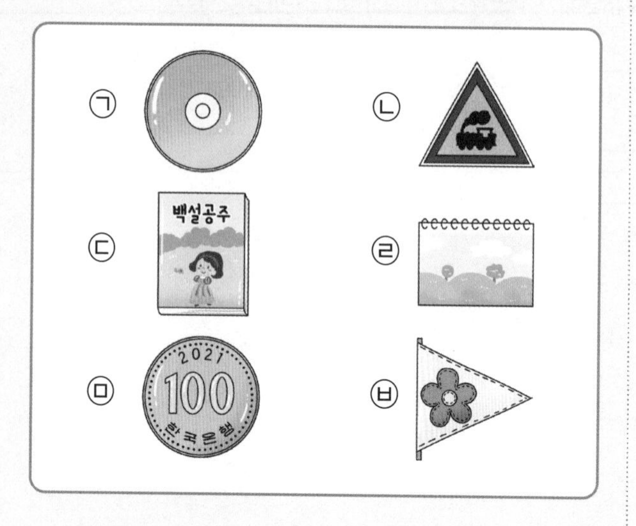

■ 모양	
▲ 모양	
● 모양	

2 왼쪽과 같은 모양을 모두 찾아 색칠해 보세요.

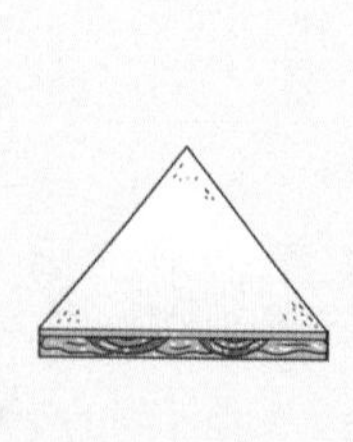

3 ■ 모양을 선으로 연결하여 미로를 탈출해 보세요.

4 설명을 읽고 알맞은 모양에 ○표 해 보세요.

곧은 선이 3군데 있고 뾰족한 곳이 있습니다.

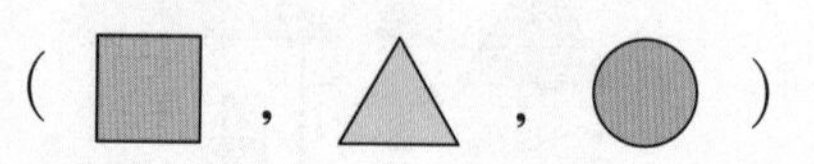

5 관계있는 것끼리 이어 보세요.

6 그림에 이용된 □, △, ○ 모양의 수를 세어 보세요.

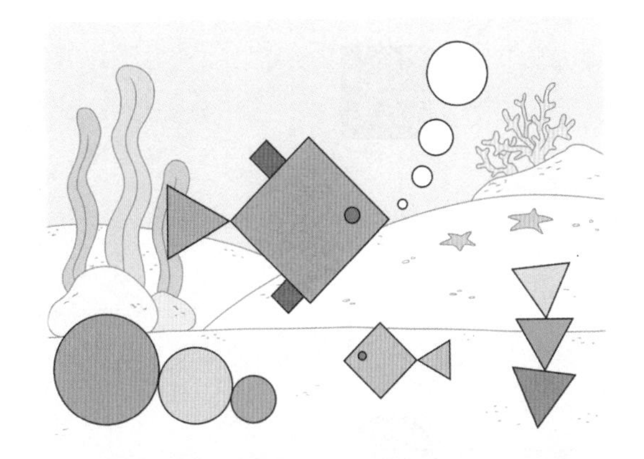

모양	□	△	○
수(개)			

7 □ 모양 4개, △ 모양 6개, ○ 모양 3개를 이용하여 모양을 꾸미고 제목을 붙여 보세요.

제목 (　　　　　　　　　　)

8 색종이를 점선을 따라 잘랐을 때, □, △, ○ 모양은 각각 몇 개 만들어질까요?

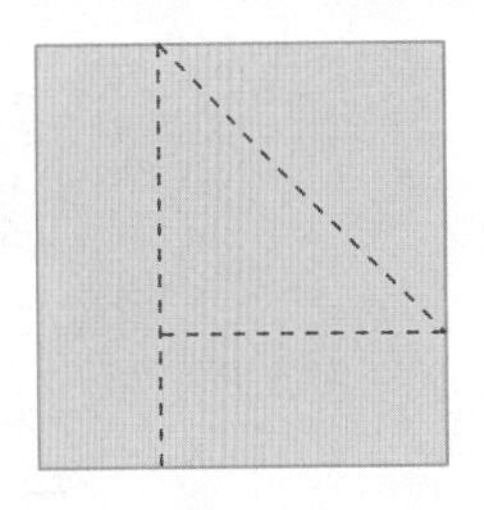

모양	□	△	○
수(개)			

9 주어진 모양을 모두 이용하여 꾸민 모양을 찾아 ○표 해 보세요.

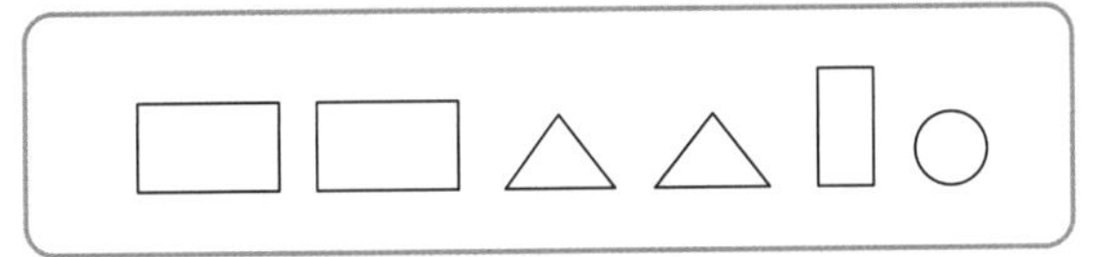

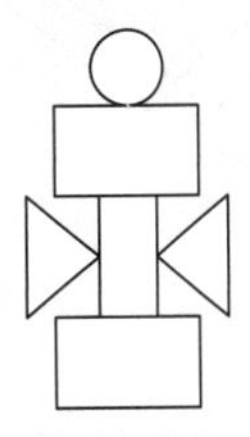
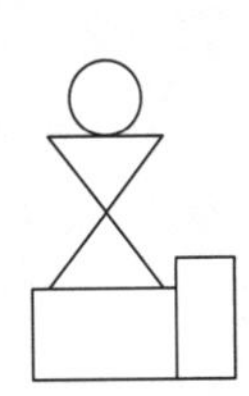

10 □, △, ○ 모양을 이용하여 다음 모양을 완성해 보세요. 붙임딱지 사용

1 다음 물건을 본떠 그리면 어떤 모양이 나오는지 알맞게 이어 보세요.

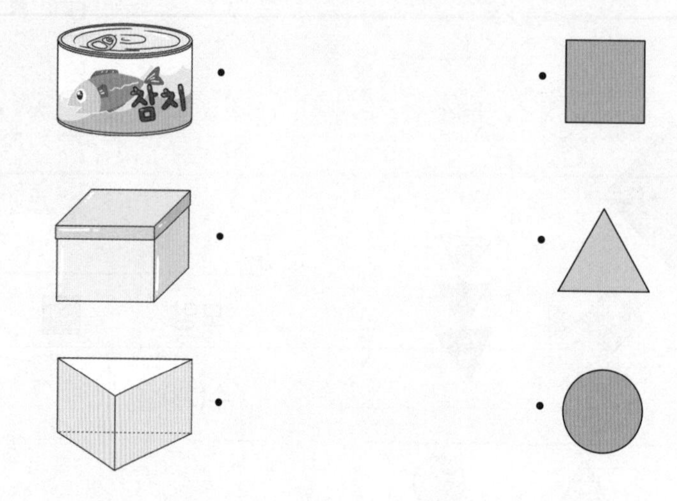

2 선을 따라 지우개를 잘랐습니다. 자른 지우개에 물감을 묻혀 찍었을 때 나올 수 있는 모양을 모두 찾아 ○표 해 보세요.

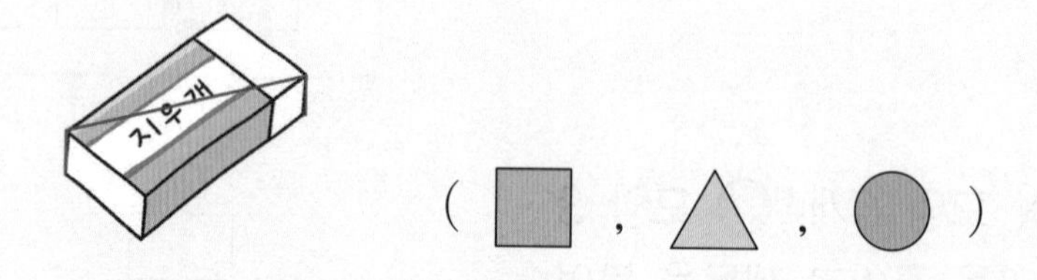

3 선 1개를 더 그려서 △ 모양 2개를 만들어 보세요.

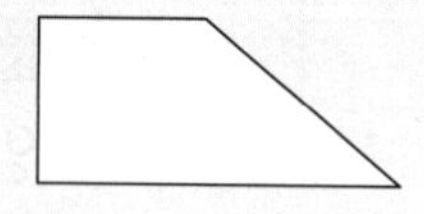

4 다음 모양에서 볼 수 있는 ■ 모양은 모두 몇 개인가요?

5 다음 모양에 대한 설명 중 옳지 않은 것을 찾아보세요. (　　　)

① ■, ▲, ● 모양을 모두 사용하여 꾸몄습니다.
② ▲ 모양보다 ■ 모양을 3개 더 사용했습니다.
③ 뾰족한 곳이 4군데 있는 모양은 5개입니다.
④ ● 모양은 3개입니다.
⑤ ▲ 모양과 ● 모양을 모두 4개 사용했습니다.

6 △ 모양의 특징을 두 가지 쓰고, 자동차 바퀴가 △ 모양이면 어떻게 될지 써 보세요.

특징 ______________________________

____

자동차 바퀴가 △ 모양이면 ______________________________

7 ■, ▲, ● 모양으로 다음 모양을 만들었습니다. 가장 많이 이용한 모양의 수와 가장 적게 이용한 모양의 수의 차는 얼마인가요?

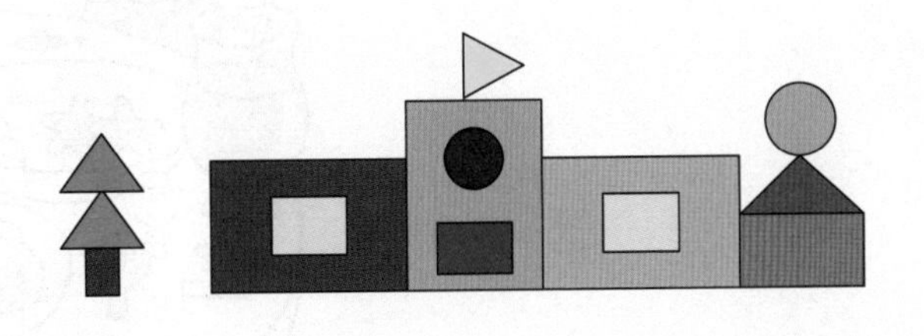

풀이

(　　　　　　)

4 간식으로 먹은 과자는 몇 개인가요?

덧셈과 뺄셈(2)

★ 덧셈과 뺄셈이 이루어지는 실생활 상황을 통하여 덧셈과 뺄셈의 의미를 이해할 수 있어요.

★ 두 자리 수의 범위에서 세 수의 덧셈과 뺄셈을 할 수 있어요.

Check

스스로 다짐하기

- ☐ 말한 것, 생각한 것을 글로 꼭 써 보세요.
- ☐ 정답만 쓰지 말고 이유도 꼭 써 보세요.
- ☐ 익숙하게 빨리 하는 것도 필요해요.
- ☐ 빨리 하는 것도 중요하지만, 자세하고 정확하게 하는 것이 더 중요해요.

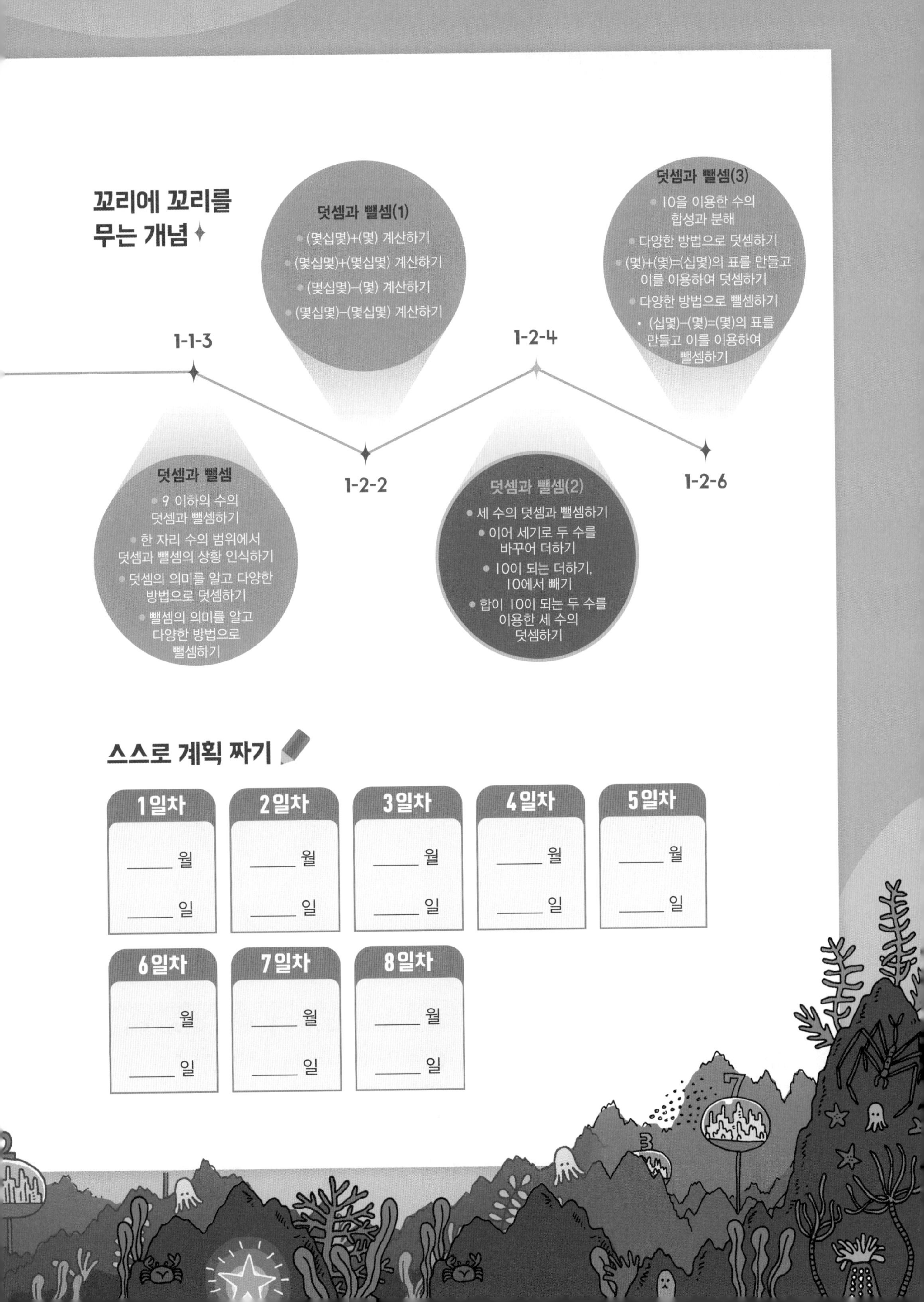
꼬리에 꼬리를
무는 개념
1-1-3
덧셈과 뺄셈
9 이하의 수의
덧셈과 뺄셈하기
한 자리 수의 범위에서
덧셈과 뺄셈의 상황 인식하기
덧셈의 의미를 알고 다양한
방법으로 덧셈하기
뺄셈의 의미를 알고
다양한 방법으로
뺄셈하기
덧셈과 뺄셈(1)
(몇십몇)+(몇) 계산하기
(몇십몇)+(몇십몇) 계산하기
(몇십몇)−(몇) 계산하기
(몇십몇)−(몇십몇) 계산하기
1-2-2
1-2-4
덧셈과 뺄셈(2)
세 수의 덧셈과 뺄셈하기
이어 세기로 두 수를
바꾸어 더하기
10이 되는 더하기,
10에서 빼기
합이 10이 되는 두 수를
이용한 세 수의
덧셈하기
덧셈과 뺄셈(3)
10을 이용한 수의
합성과 분해
다양한 방법으로 덧셈하기
(몇)+(몇)=(십몇)의 표를 만들고
이를 이용하여 덧셈하기
다양한 방법으로 뺄셈하기
(십몇)−(몇)=(몇)의 표를
만들고 이를 이용하여
뺄셈하기
1-2-6
스스로 계획 짜기
1일차
월
일
2일차
월
일
3일차
월
일
4일차
월
일
5일차
월
일
6일차
월
일
7일차
월
일
8일차
월
일

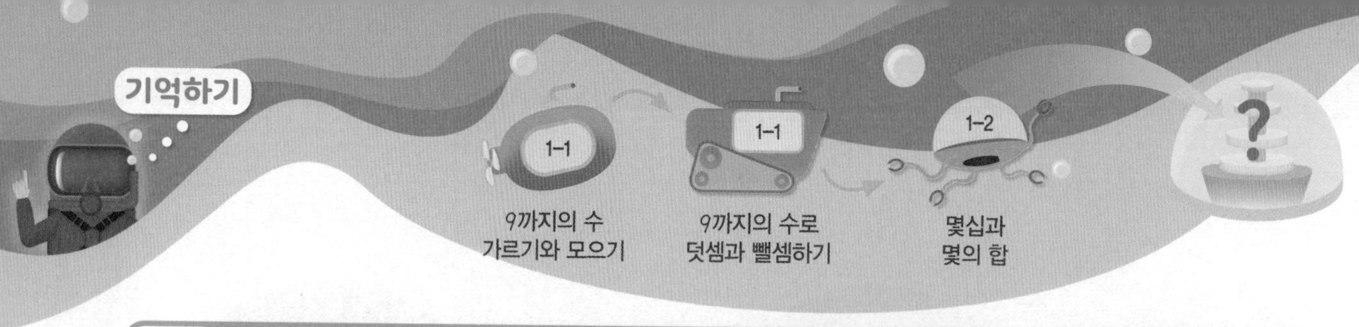

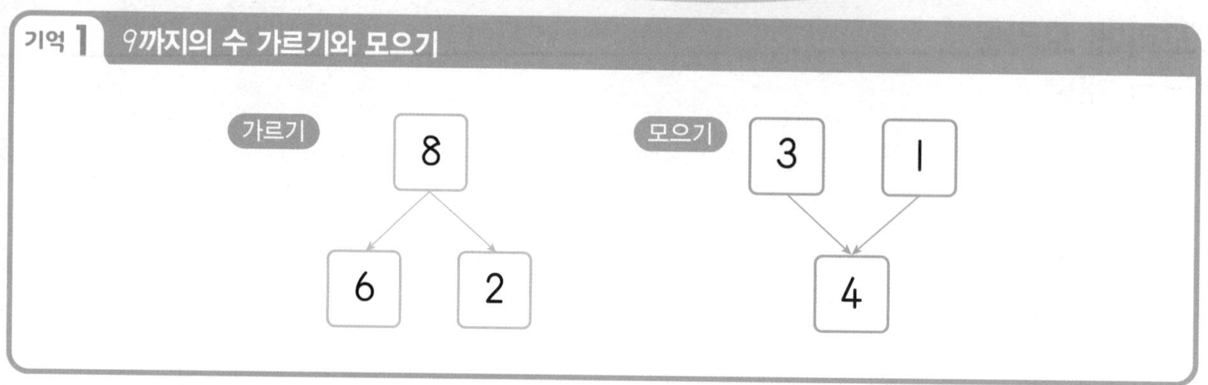

1 그림을 보고 모으기를 해 보세요.

2 7을 여러 가지 방법으로 가르기 해 보세요.

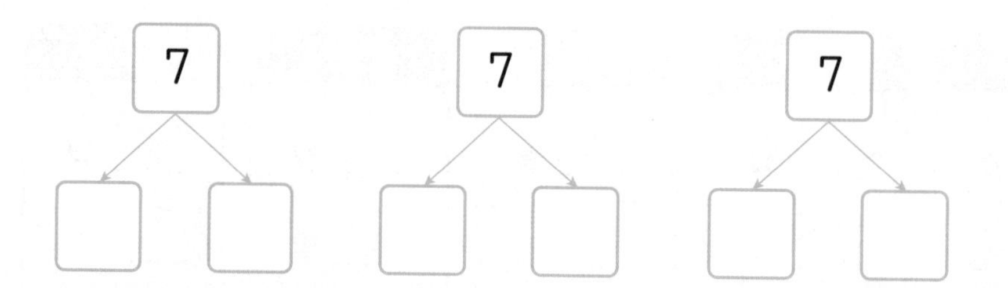

기억 2 9까지의 수로 덧셈과 뺄셈하기

쓰기 $4+2=6$

읽기 4 더하기 2는 6과 같습니다.
4와 2의 합은 6입니다.

쓰기 $7-3=4$

읽기 7 빼기 3은 4와 같습니다.
7과 3의 차는 4입니다.

3 계산해 보세요.

(1) $2+6$　　(2) $5+4$

(3) $6-2$　　(4) $8-3$

4 알맞은 식을 만들어 보세요.

(1)

식 ______________________

(2)

식 

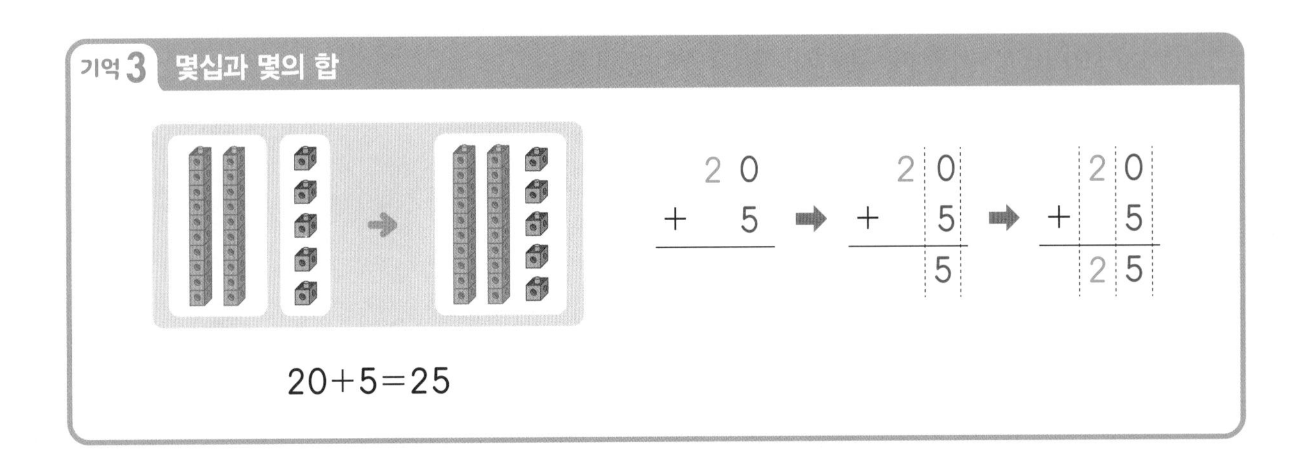

5 계산해 보세요.

(1) $20+6$　　(2) $50+3$

(3) $2+60$　　(4) $5+30$

생각열기 ①

간식으로 먹은 과자는 몇 개인가요?

1 가을이는 간식으로 ○ 모양 과자 3개, △ 모양 과자 2개, ◇ 모양 과자 3개를 먹었습니다. 가을이가 먹은 과자는 모두 몇 개인지 알아보세요.

(1) 가을이가 먹은 과자의 수를 식으로 써 보세요.

(2) 식의 답을 어떻게 구해야 할지 써 보세요.

(3) 과자의 수만큼 색칠해 보세요.

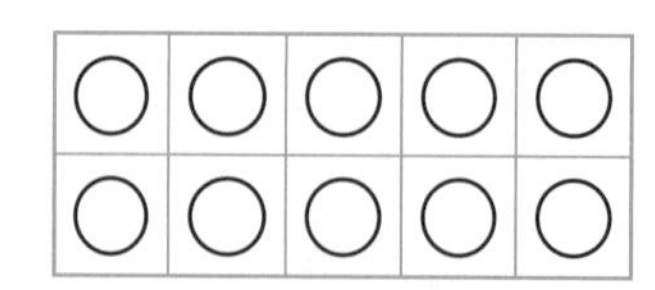

(4) 가을이가 먹은 과자의 수는 모두 몇 개인가요?

2 겨울이와 여름이는 주사위 눈의 수가 모두 몇인지 더하려고 합니다. 주사위 눈이 3, 6, 4를 나타냈을 때, 두 사람의 계산 방법을 알아보세요.

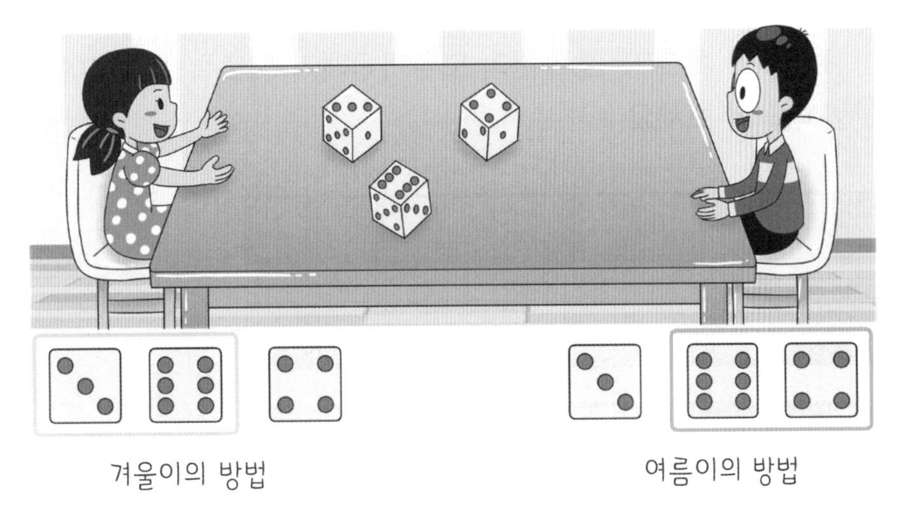

(1) 겨울이와 여름이의 계산 방법을 설명해 보세요.

(2) 겨울이와 여름이의 계산 방법이 어떻게 다른지 써 보세요.

(3) 주사위 눈의 수의 합을 두 가지 방법으로 구하고, 어느 방법이 더 편리한지 설명해 보세요.

개념활용 ①-1

더해서 10 만들기, 10에서 빼기

1 딸기 맛 초콜릿과 초코 맛 초콜릿이 모두 10개가 되도록 색칠하여 10이 되는 더하기의 덧셈식을 써 보세요.

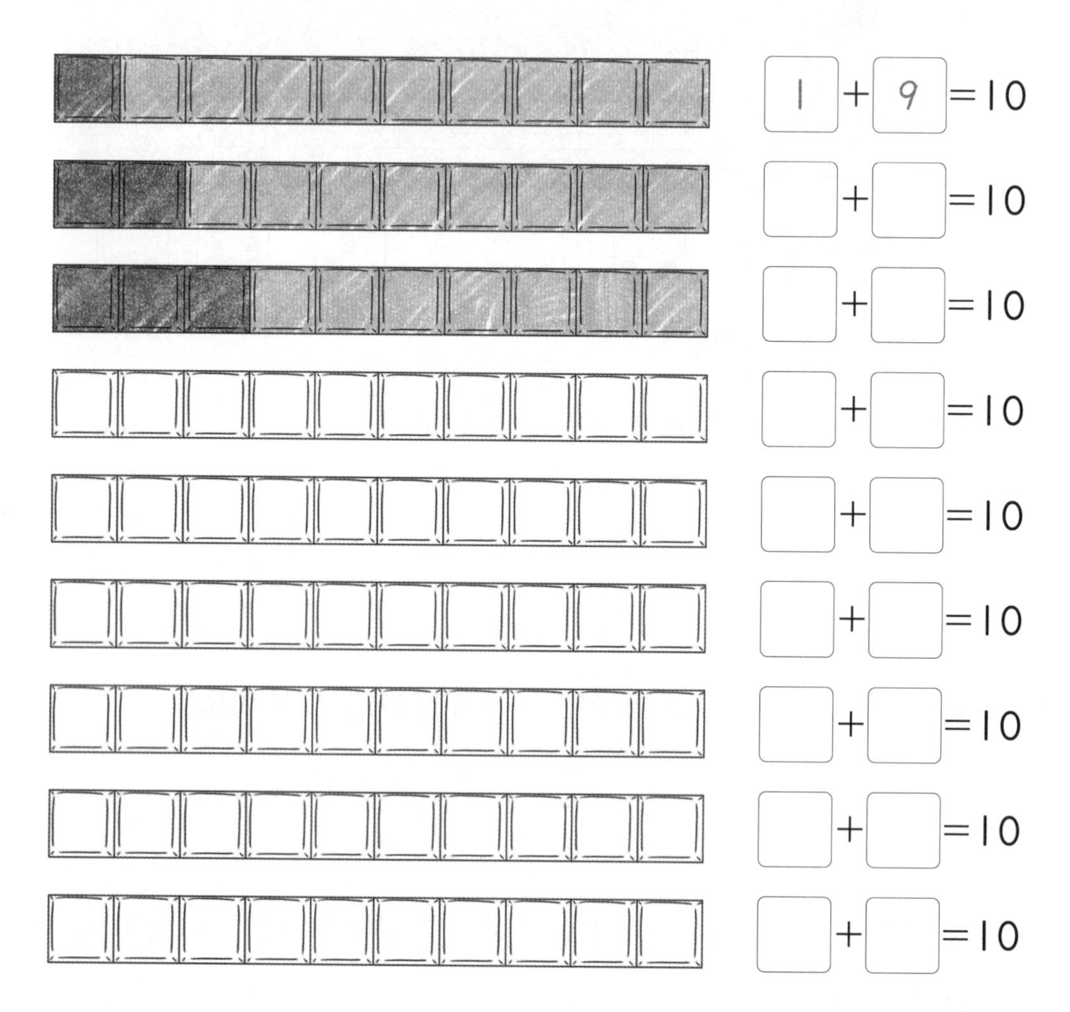

2 그림을 보고 덧셈식을 만들어 보세요.

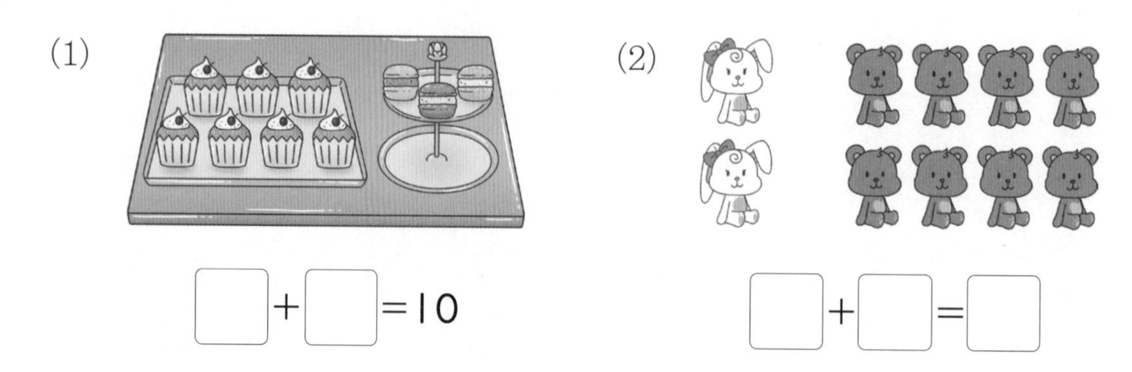

3 달걀을 / 으로 지워 10에서 빼기의 뺄셈식을 모두 써 보세요.

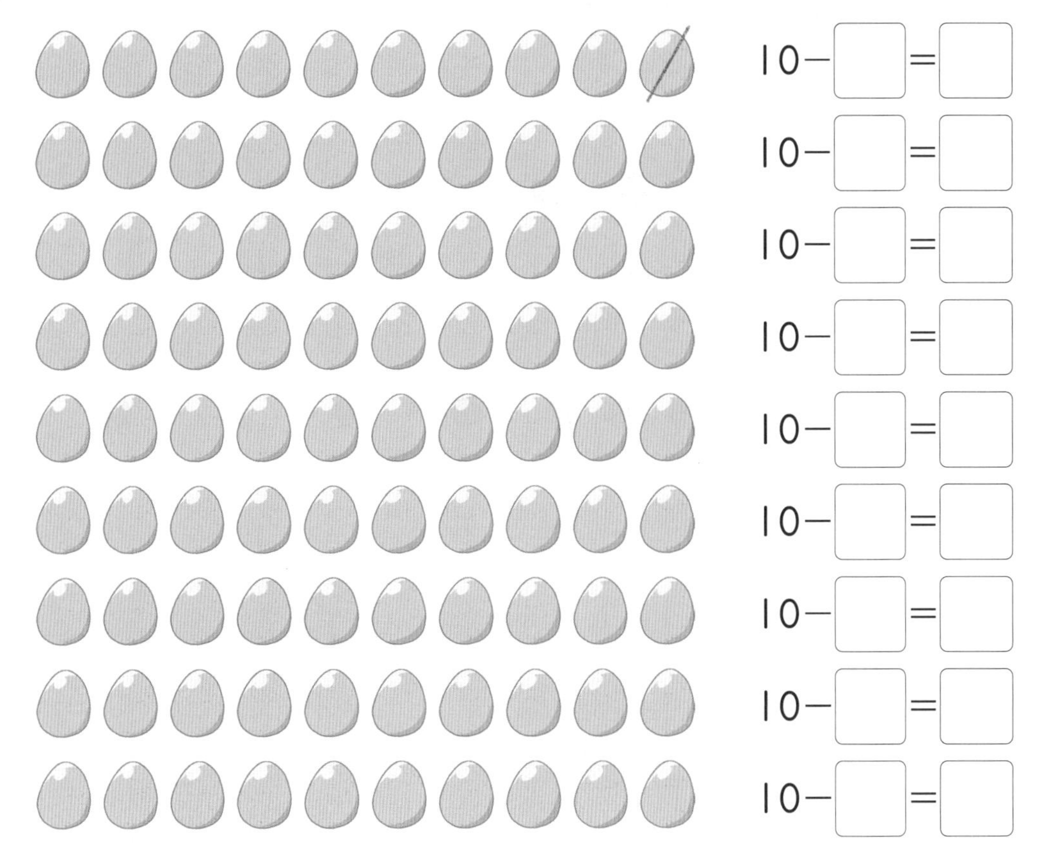

10－□＝□

10－□＝□

10－□＝□

10－□＝□

10－□＝□

10－□＝□

10－□＝□

10－□＝□

10－□＝□

4 그림을 보고 뺄셈식을 만들어 보세요.

(1)

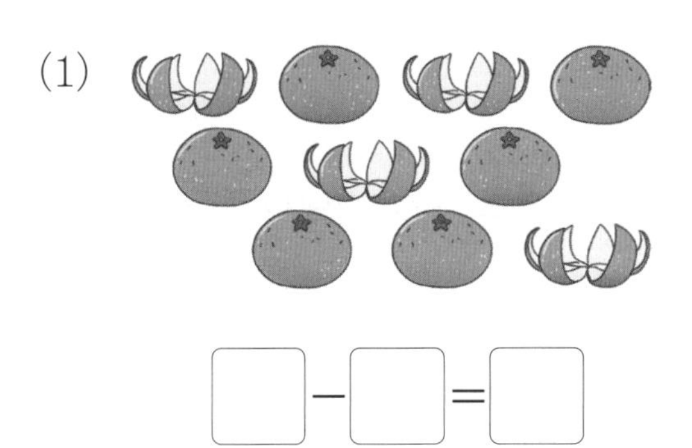

□－□＝□

(2)

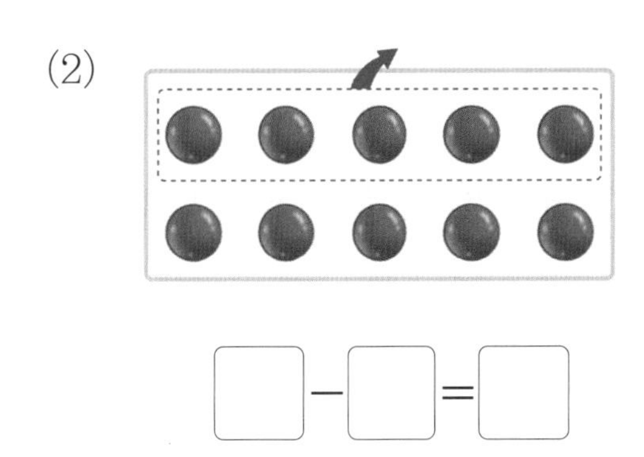

□－□＝□

5 □ 안에 알맞은 수를 써넣으세요.

(1) 6＋□＝10

(2) □＋2＝10

(3) 10－□＝5

(4) 10－□＝1

개념활용 ❶-2

두 수를 바꾸어 더하기

1 이어 세기를 이용하여 과일이 모두 몇 개인지 알아보세요.

(1)

9 10 □

$9+2=$ □

(2)

5 6 7 8 9 □ □ □ □

$5+8=$ □

2 그림을 보고 모두 몇 개인지 □ 안에 알맞은 수를 써넣으세요.

(1)

$7+$ □ $=$ □

(2)

□ $+$ □ $=$ □

3 이어 세기를 이용하여 두 수를 더할 때 □ 안에 알맞은 수를 써넣으세요.

(1) $5+6=$ □

5 6 □ □ □ □ □

(2) $8+3=$ □

8 9 □ □

개념 정리 이어 세기를 이용하여 더하기

7+4와 같은 덧셈을 할 때는 7에서부터 '7하고 8, 9, 10, 11'과 같이 이어 세는 방법으로 더하기를 할 수 있습니다.

4 더해서 10이 되는 덧셈식을 보고 물음에 답하세요.

$1+9=10$	$4+6=10$	$7+3=10$
$2+8=10$	$5+5=10$	$8+2=10$
$3+7=10$	$6+4=10$	$9+1=10$

(1) 같은 수를 더한 것끼리 써 보세요.

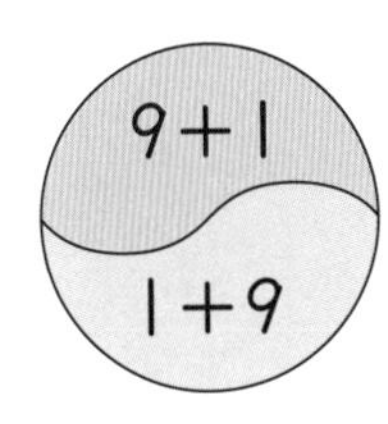

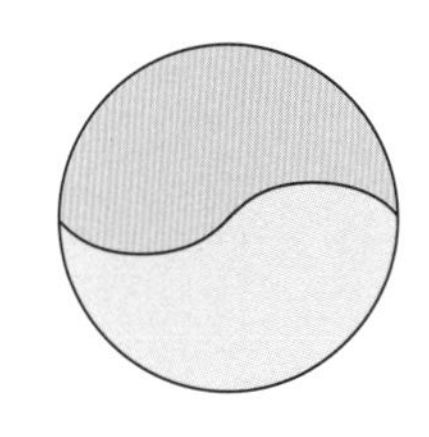
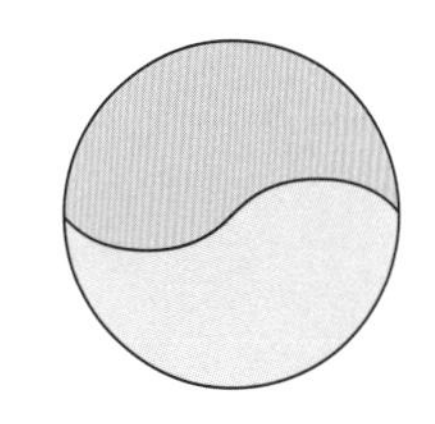
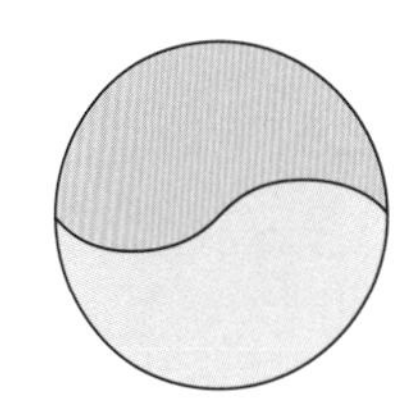

(2) 같은 수를 더한 것들의 합을 생각하며 (1)에서 알 수 있는 것을 써 보세요.

5 두 수를 바꾸어 더해 보세요.

(1) $1+2=$ ☐　　(2) $4+3=$ ☐　　(3) $5+7=$ ☐

$2+1=$ ☐　　$3+4=$ ☐　　$7+5=$ ☐

6 합이 같은 것끼리 이어 보세요.

$6+7$ •	• $5+9$
$9+5$ •	• $7+6$

개념 정리 합이 같은 수

$5+7=12$, $7+5=12$와 같이 두 수를 더할 때, 두 수를 바꾸어 더해도 합이 같습니다.

개념활용 ❶-3

세 수를 더하는 여러 가지 방법

1 6+2+1을 여러 가지 방법으로 계산해 보세요.

(1) 앞의 두 수 먼저 더하기

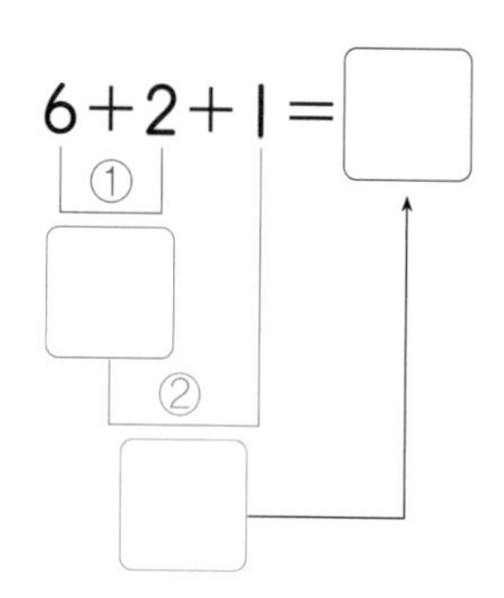

(2) 뒤의 두 수 먼저 더하기

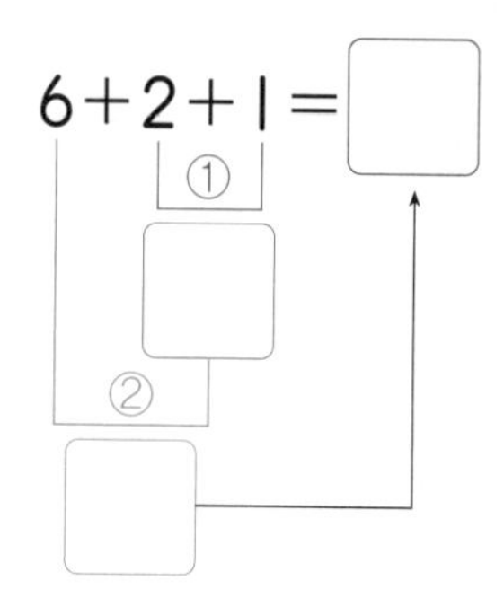

(3) 6+2+1은 얼마인가요?

(4) 세 수의 덧셈을 하는 방법을 설명해 보세요.

개념 정리 세 수의 덧셈

앞의 두 수를 먼저 더했을 때의 결과와 뒤의 두 수를 먼저 더했을 때의 결과는 같습니다.

5+3+1=9 (5+3=8, 8+1=9)

5+3+1=9 (3+1=4, 5+4=9)

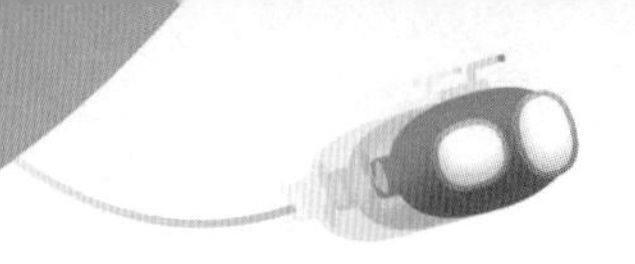

2 □ 안에 알맞은 수를 써넣으세요.

(1) 3+2+3=□

□

□

(2) 3+4+1=□

□

□

(3) 5+1+1=□

□

□

(4) 2+5+1=□

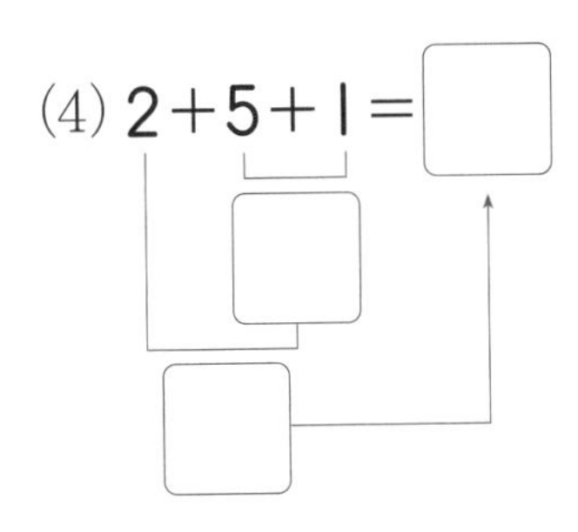

□

□

(5)

$$\begin{array}{r} 2 \\ +\ 2 \\ \hline \square \end{array} \rightarrow \begin{array}{r} \square \\ +\ 5 \\ \hline \square \end{array}$$

2+2+5=□

(6)

$$\begin{array}{r} 3 \\ +\ 1 \\ \hline \square \end{array} \rightarrow \begin{array}{r} \square \\ +\ 3 \\ \hline \square \end{array}$$

3+1+3=□

3 겨울이가 보여 주는 수 카드의 세 수를 더해 보세요.

□+□+□=□

개념활용 ❶-4

10을 만들어 더하기

1 10을 만들어 더해 보세요.

(1) 5+5+3=☐

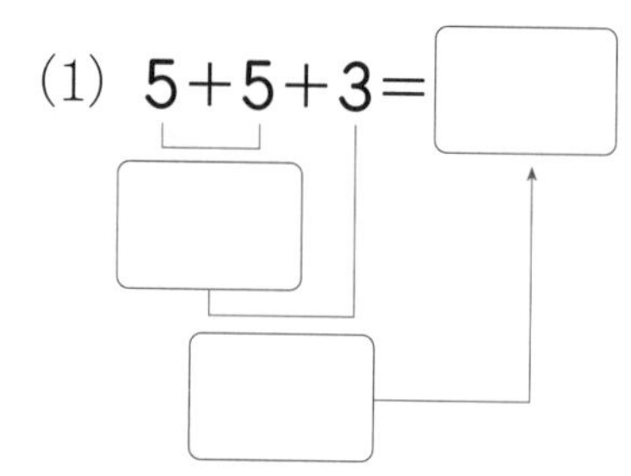

5+5+3 에서 10이 되는 수를 먼저 더합니다.

➡ 10+3=☐

(2) 7+3+6

(3) 6+4+2

(4) 5+6+4=☐

5+6+4 에서 10이 되는 수를 먼저 더합니다.

➡ 5+10=☐

(5) 2+3+7

(6) 8+9+1

개념 정리 더해서 10이 되는 수부터 더하기

세 수의 덧셈은 더해서 10이 되는 두 수를 찾아 먼저 계산합니다.

8+2+3=13 (8+2=10, 10+3=13)

3+2+8=13 (2+8=10, 3+10=13)

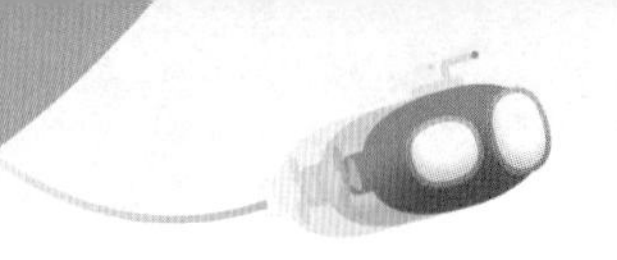

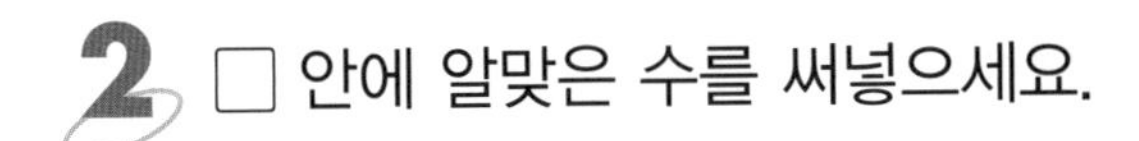

2 □ 안에 알맞은 수를 써넣으세요.

(1) $2+8+6=\square$

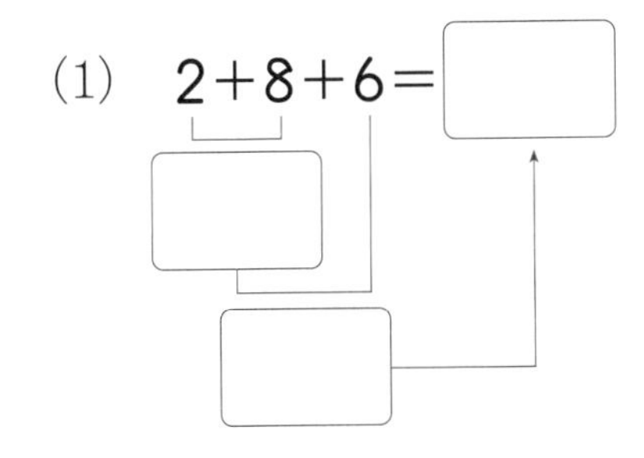

(2) $3+7+4=\square$

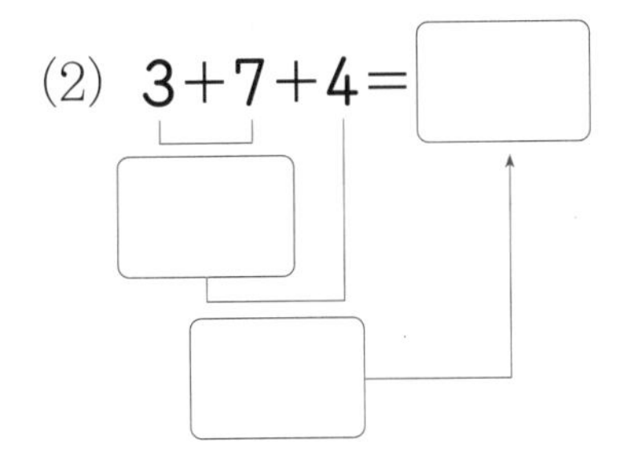

(3) $6+4+9=\square$

(4) $4+5+5=\square$

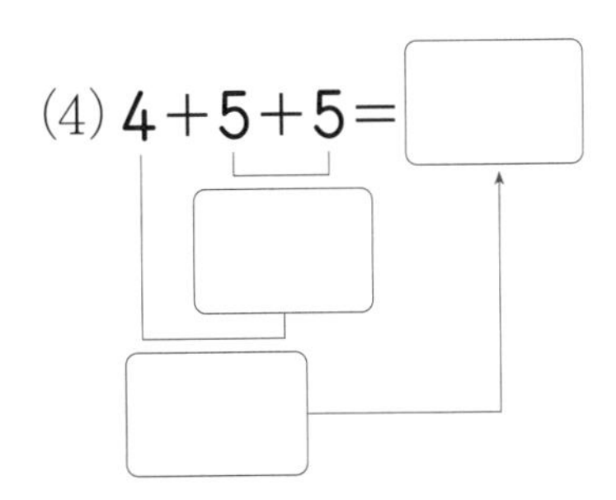

(5) $3+1+9=\square$

(6) $6+3+7=\square$

3 10이 되는 수를 찾아 ◯로 묶고 계산해 보세요.

(1) $4+6+5$

(2) $3+7+8$

(3) $7+6+4$

(4) $1+2+8$

개념활용 ❶-5

세 수의 뺄셈

1 7－3－1을 계산한 방법을 비교해 보세요.

(1) 가을이와 겨울이의 설명을 보고 □ 안에 알맞은 수를 써넣으세요.

가을

7에서 3－1을 계산한 값을 뺐어.

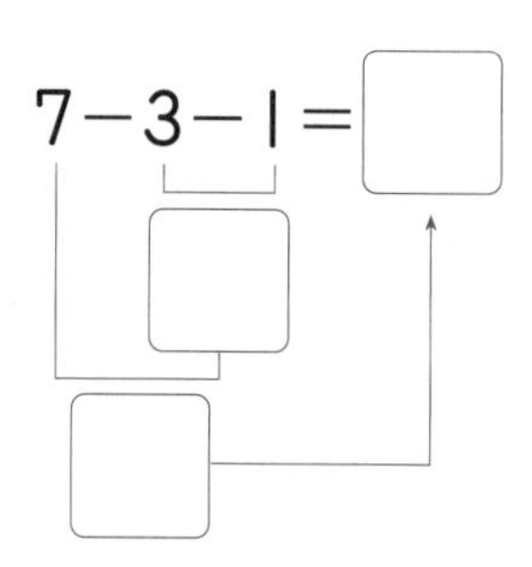

겨울

7－3부터 계산한 다음 1을 뺐어.

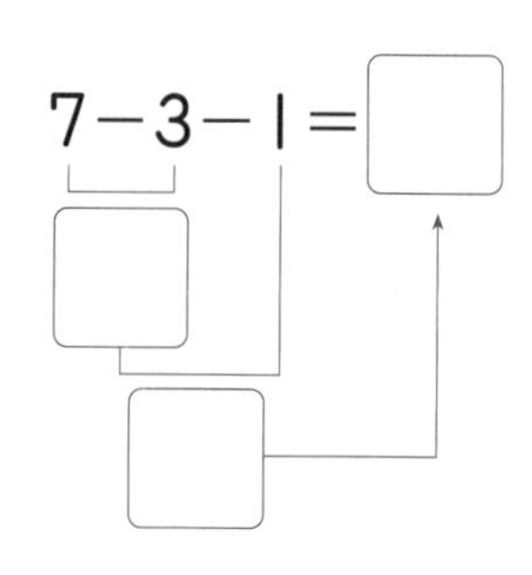

(2) 두 친구의 계산을 비교하고, 세 수의 뺄셈을 하는 옳은 방법을 써 보세요.

개념 정리 뺄셈의 순서

세 수의 뺄셈을 할 때는 앞에서부터 두 수를 빼어 나온 수에서 나머지 한 수를 또 뺍니다.

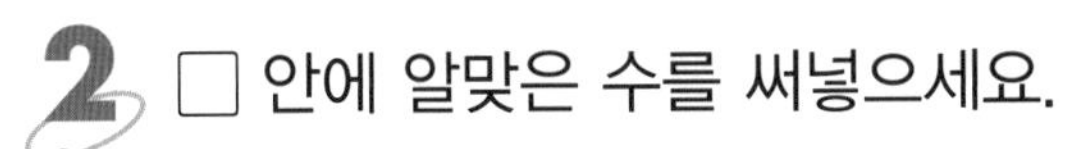

2 □ 안에 알맞은 수를 써넣으세요.

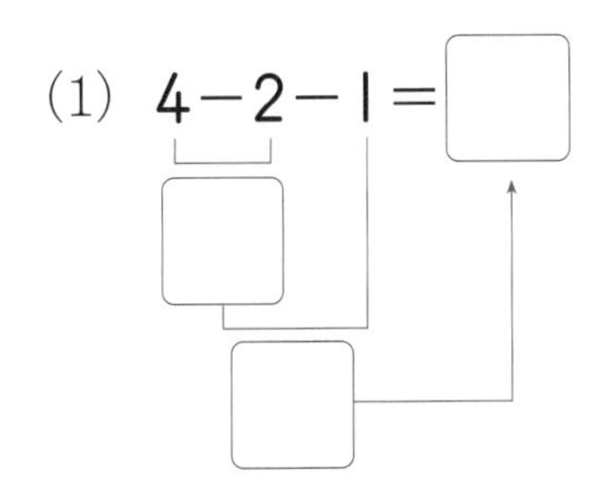

(1) $4-2-1=\square$

(2) $8-4-2=\square$

(3)
$$\begin{array}{r} 9 \\ -\ 5 \\ \hline \square \end{array} \quad \begin{array}{r} \square \\ -\ 2 \\ \hline \square \end{array}$$

$9-5-2=\square$

(4)
$$\begin{array}{r} 7 \\ -\ 1 \\ \hline \square \end{array} \quad \begin{array}{r} \square \\ -\ 2 \\ \hline \square \end{array}$$

$7-1-2=\square$

3 계산해 보세요.

(1) $5-3-2$

(2) $6-1-2$

(3) $7-5-1$

(4) $9-3-2$

4 과자가 6개 있었는데 여름이가 2개, 겨울이가 3개를 먹었습니다. 남은 과자는 몇 개인가요?

식 

답 

표현하기

덧셈과 뺄셈(2)

스스로 정리 물음에 답하세요.

1 3+6+4를 계산해 보세요.

2 8−3−2를 계산해 보세요.

개념 연결 계산해 보세요.

주제	계산하기
두 수의 덧셈	책은 모두 몇 권인지 식을 써 보세요. 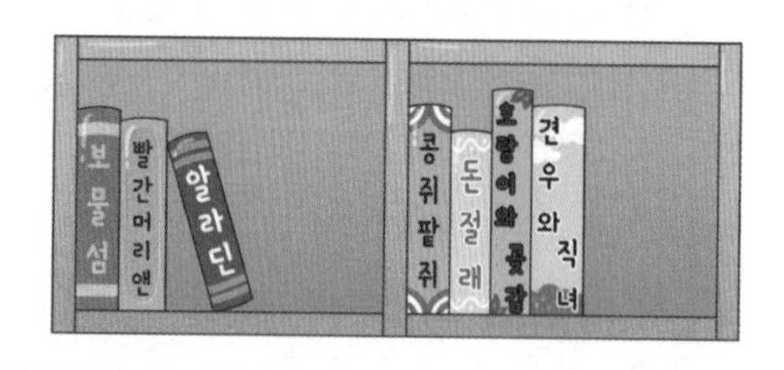 □+□=□
10 가르기	10을 여러 가지 방법으로 가르기 해 보세요. 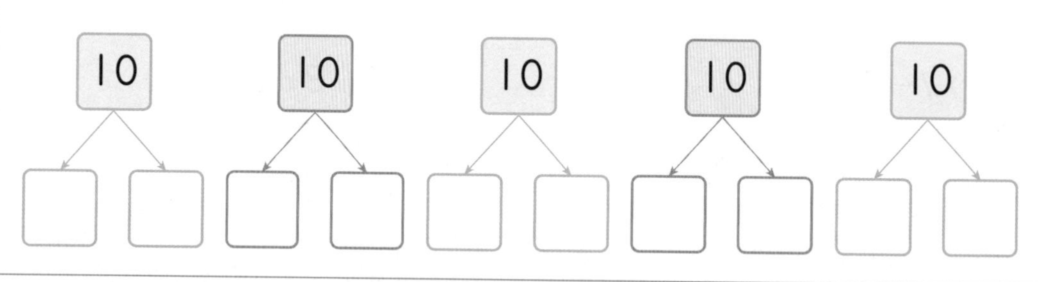

1 10 모으기와 가르기를 이용하여 세 수의 덧셈을 하는 방법을 친구에게 편지로 설명해 보세요.

1 여름이가 8+4를 계산한 방법이 맞는지 틀린지 알아보고 그렇게 생각한 이유를 다른 사람에게 설명해 보세요.

8+4는 8개에 4개를 더하는 것이니까
8부터 이어 세면 8, 9, 10, 11이야. 그래서 8+4=11이야.

여름이의 방법은 (맞습니다 / 틀립니다).

왜냐하면 ______________________________

____

2 색칠된 두 수의 합이 10이 되도록 □ 안에 알맞은 수를 써넣고 식을 완성하여 다른 사람에게 설명해 보세요.

5 + 8 + □ = □

덧셈과 뺄셈은 이렇게 연결돼요

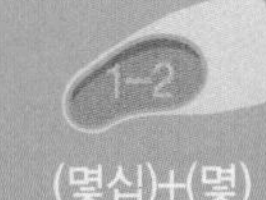

(몇십)+(몇)

세 수의 덧셈과 뺄셈

(몇)+(몇)=(십몇)
(십몇)−(몇)

두 자리 수의 덧셈과 뺄셈

1 □ 안에 알맞은 수를 써넣으세요.

(1)

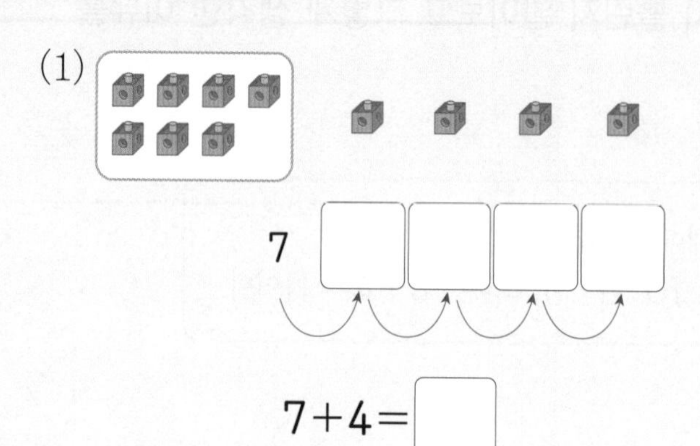

$7+4=\square$

(2)

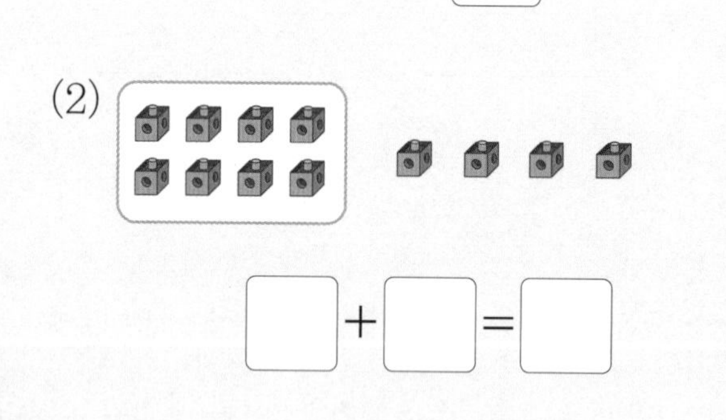

$\square+\square=\square$

2 □ 안에 알맞은 수를 써넣으세요.

(1) $3+7=\square$

(2) $8+\square=10$

(3) $10-5=\square$

(4) $10-\square=1$

3 더해서 10이 되는 두 수를 찾아 써 보세요.

(　　,　　), (　　,　　)

(　　,　　), (　　,　　)

4 □ 안에 알맞은 수를 써넣으세요.

(1) $7+5=5+\square$

(2) $8+\square=3+8$

(3) $9+4=\square+9$

(4) $\square+9=9+2$

5 그림에 알맞은 식을 쓰고 계산해 보세요.

(1)

식 ____________________

답 ____________

(2)

식 ____________________

답 ____________

6 □ 안에 알맞은 수를 써넣으세요.

(1) 4+6+3=□

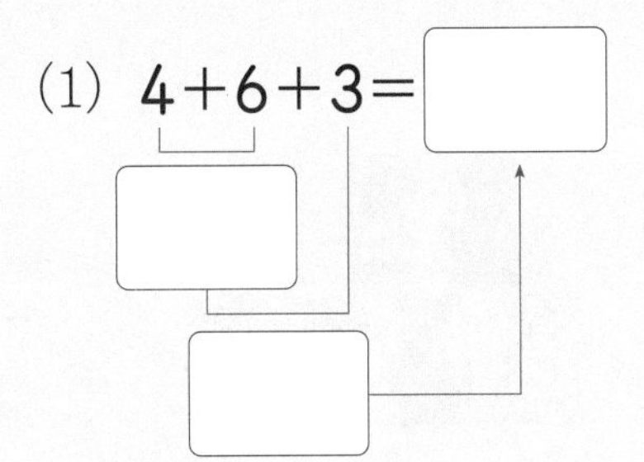

(2) 7+3+5=□

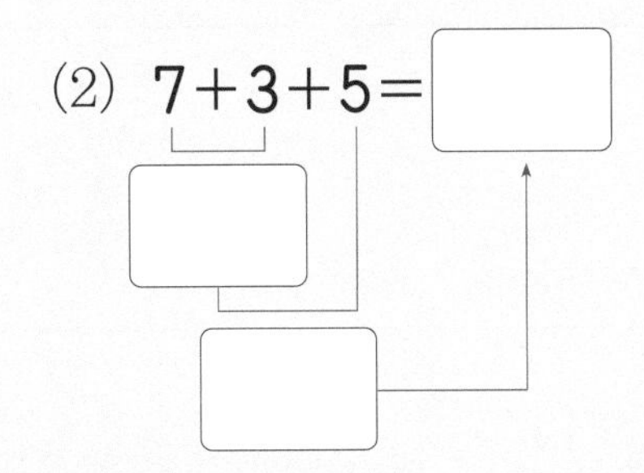

(3) 8+5+5=□

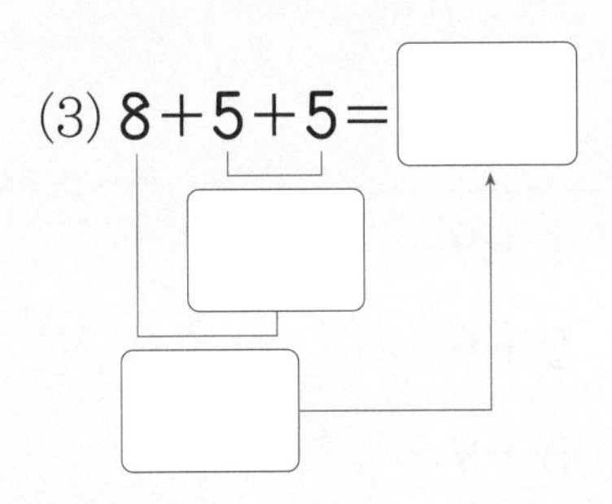

(4) 1+8+2=□

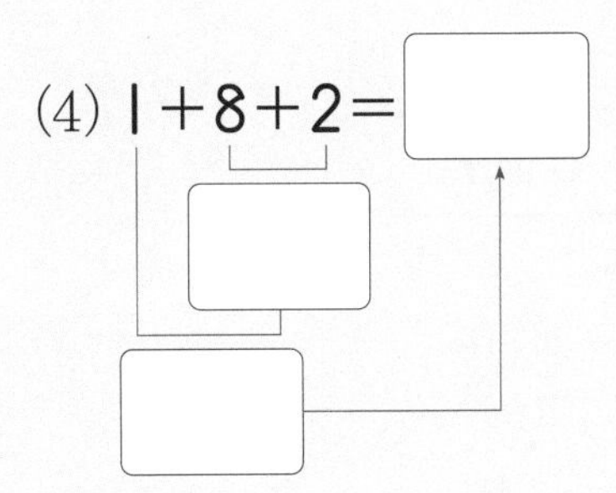

7 계산해 보세요.

(1) 2+8+1

(2) 9+1+2

(3) 3+3+7

(4) 4+5+5

8 □ 안에 알맞은 수를 써넣으세요.

(1) 8−5−2=□

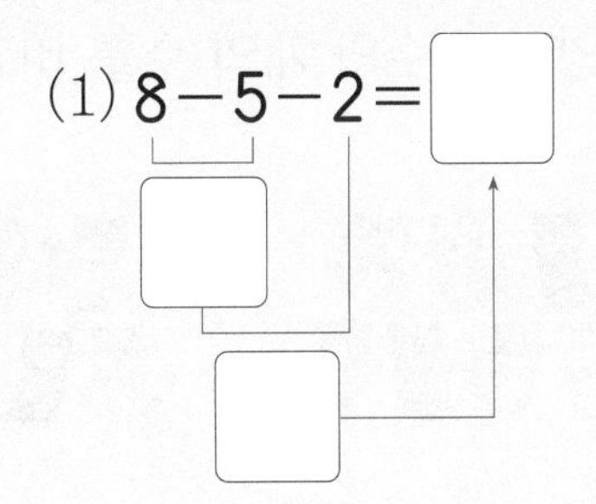

(2) 9−1−2=□

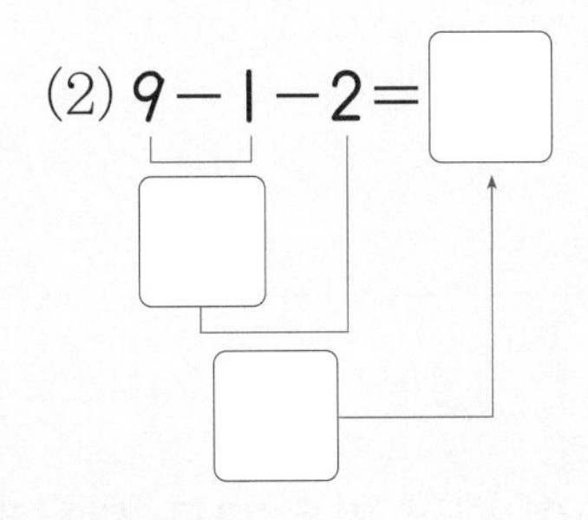

9 계산해 보세요.

(1) 9−3−1

(2) 8−4−3

(3) 7−5−2

(4) 7+6+3

(5) 4+1+6

(6) 9+8+1

10 구슬을 준후는 4개, 주영이는 6개, 수아는 7개 가지고 있습니다. 세 친구가 가지고 있는 구슬은 모두 몇 개일까요?

(　　　　　　　)

1 그림을 보고 고양이의 수와 개의 수를 비교해 보세요.

2 표에서 합이 10이 되는 칸을 모두 색칠해 보세요.

1+5	1+6	1+7	1+8	1+9
2+5	2+6	2+7	2+8	2+9
3+5	3+6	3+7	3+8	3+9
4+5	4+6	4+7	4+8	4+9
5+5	5+6	5+7	5+8	5+9

3 ㉠, ㉡, ㉢ 중에서 가장 작은 것을 찾아 기호를 써 보세요.

7+ ㉠ =10

10− ㉡ =4

8+3= ㉢

(　　　　　　　　)

4 수 카드 1, 3, 5, 9 를 사용하여 덧셈식 □+□+□=15를 만들려고 합니다. 사용되지 않는 수 카드는 무엇인지 구해 보세요.

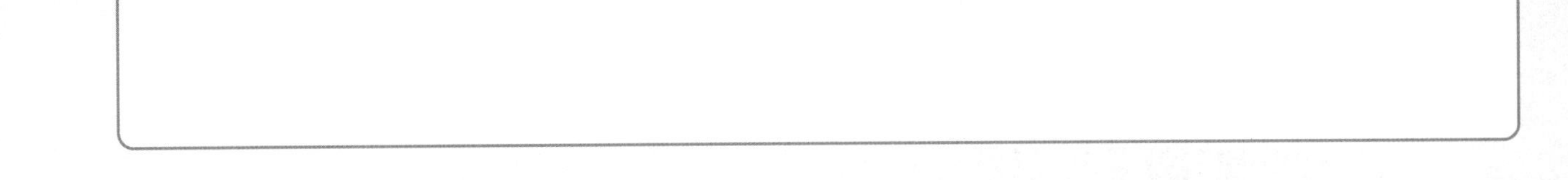

5 피자가 8조각 있었는데 내가 3조각, 동생도 3조각을 먹었습니다. 남아 있는 피자는 모두 몇 조각인지 구해 보세요.

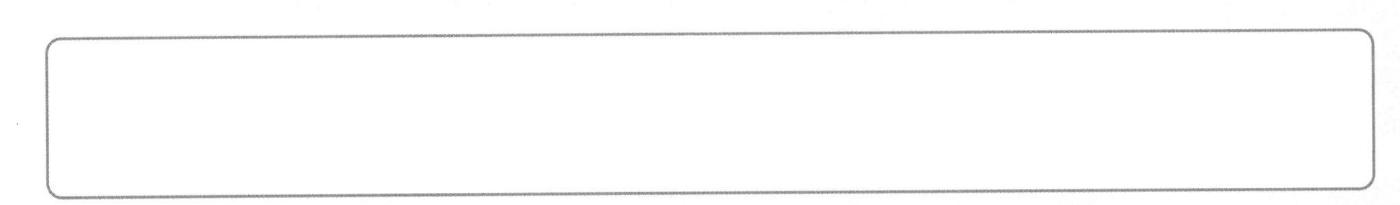

6 □ 안에 알맞은 수를 써넣으세요.

(1) 2+□+7=17

(2) 8+5+□=18

(3) □−5−1=2

(4) 9−□−5=4

7 수 카드 1, 2, 5, 6, 9 를 사용하여 뺄셈식 □−□−□=□을/를 만들려고 합니다. 하나의 식에 같은 수를 사용할 수 없을 때, 만들 수 있는 식은 모두 몇 개인지 구해 보세요.

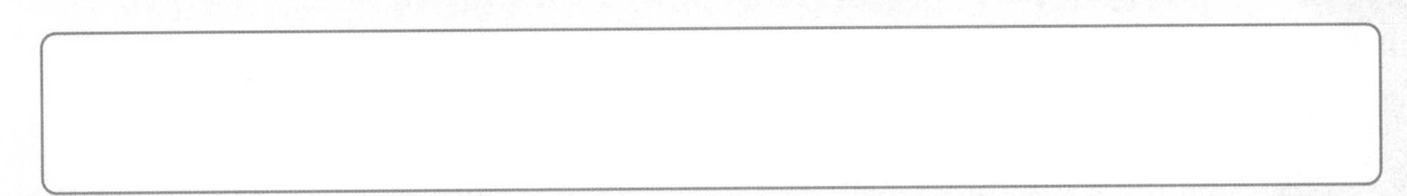

5 지금이 몇 시인가요?

시계 보기와 규칙 찾기

- 시계를 보고 시각을 '몇 시 몇 분'까지 읽을 수 있어요.
- 물체, 무늬, 수 등의 배열에서 규칙을 찾아 여러 가지 방법으로 나타낼 수 있어요.
- 자신이 정한 규칙에 따라 물체, 무늬, 수 등을 배열할 수 있어요.

Check 스스로 다짐하기

- ☐ 말한 것, 생각한 것을 글로 꼭 써 보세요.
- ☐ 정답만 쓰지 말고 이유도 꼭 써 보세요.
- ☐ 익숙하게 빨리 하는 것도 필요해요.
- ☐ 빨리 하는 것도 중요하지만, 자세하고 정확하게 하는 것이 더 중요해요.

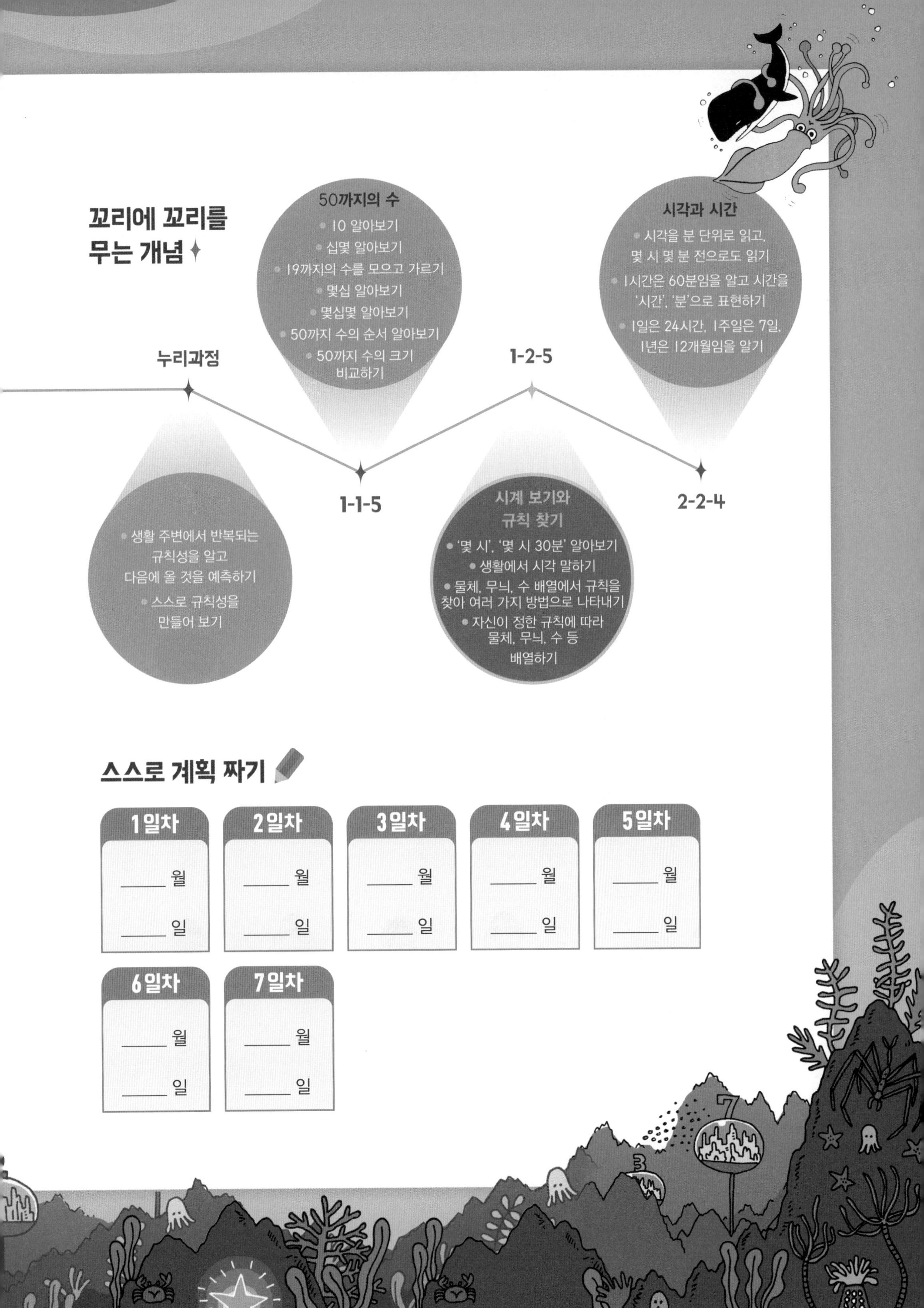

꼬리에 꼬리를 무는 개념

누리과정
- 생활 주변에서 반복되는 규칙성을 알고 다음에 올 것을 예측하기
- 스스로 규칙성을 만들어 보기

1-1-5

50까지의 수
- 10 알아보기
- 십몇 알아보기
- 19까지의 수를 모으고 가르기
- 몇십 알아보기
- 몇십몇 알아보기
- 50까지 수의 순서 알아보기
- 50까지 수의 크기 비교하기

1-2-5

시계 보기와 규칙 찾기
- '몇 시', '몇 시 30분' 알아보기
- 생활에서 시각 말하기
- 물체, 무늬, 수 배열에서 규칙을 찾아 여러 가지 방법으로 나타내기
- 자신이 정한 규칙에 따라 물체, 무늬, 수 등 배열하기

2-2-4

시각과 시간
- 시각을 분 단위로 읽고, 몇 시 몇 분 전으로도 읽기
- 1시간은 60분임을 알고 시간을 '시간', '분'으로 표현하기
- 1일은 24시간, 1주일은 7일, 1년은 12개월임을 알기

스스로 계획 짜기

1일차	2일차	3일차	4일차	5일차
____ 월 ____ 일	____ 월 ____ 일	____ 월 ____ 일	____ 월 ____ 일	____ 월 ____ 일

6일차	7일차
____ 월 ____ 일	____ 월 ____ 일

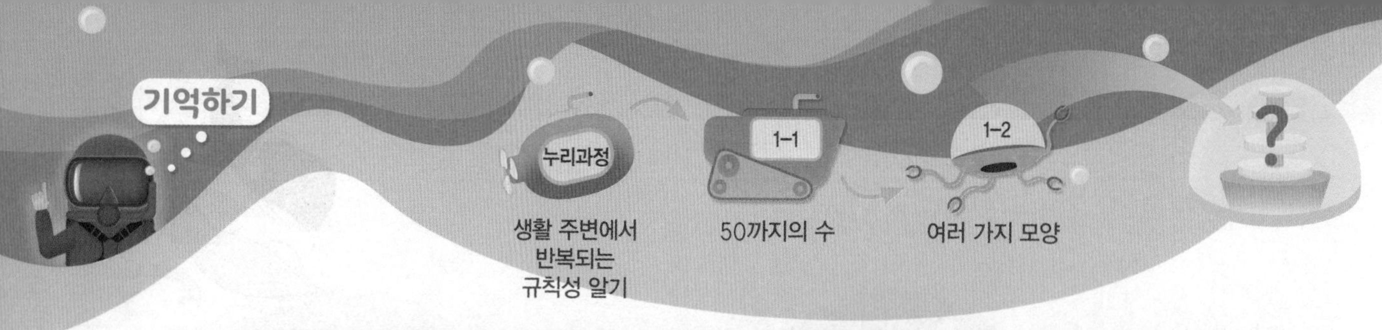

기억 1 규칙성 이해하기

반복되는 규칙성을 알아차리고 따라 합니다.

자기 스스로 규칙성을 만들어 봅니다.

1 빈 곳에 알맞은 그림을 그려 보세요.

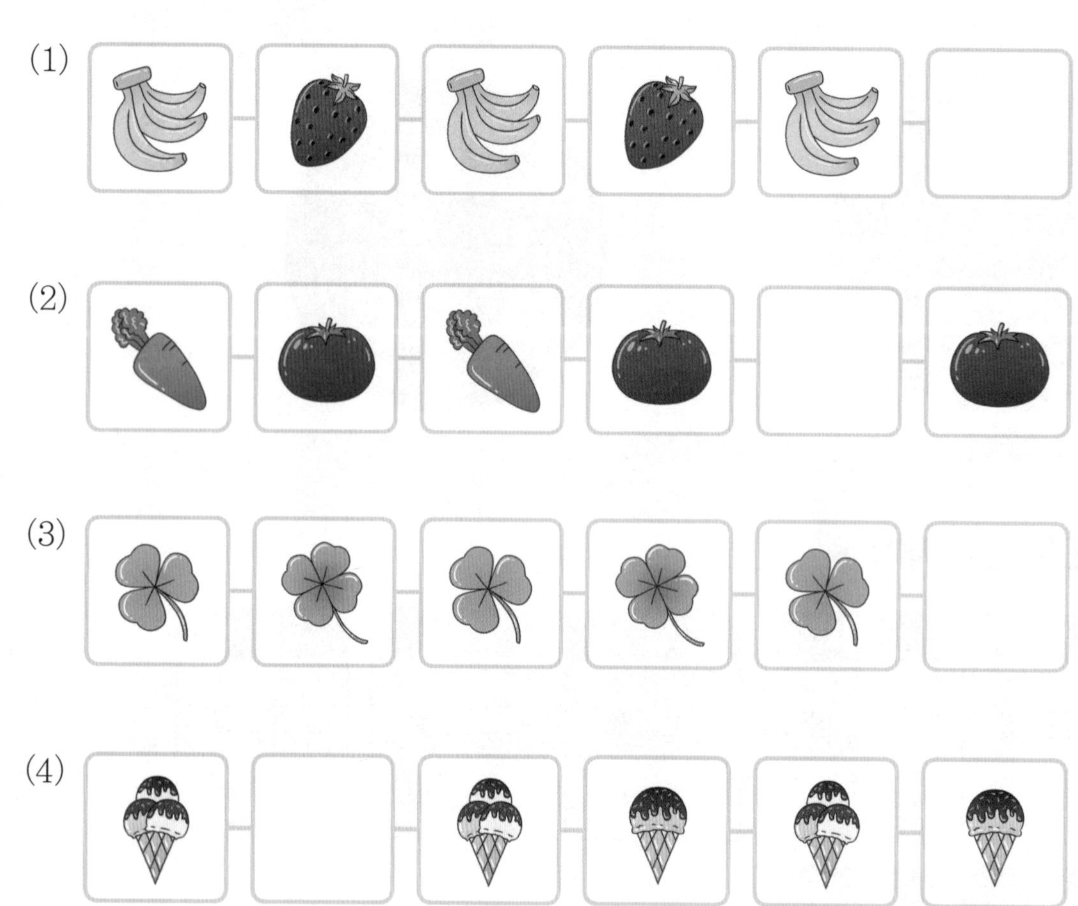

기억 2 수의 순서 알기

- 1씩 더하며 수의 순서를 알 수 있습니다.
- 1 큰 수와 1 작은 수를 통해 수의 크기를 비교할 수 있습니다.

2 빈칸에 알맞은 수를 써넣으세요.

(1)

(2)

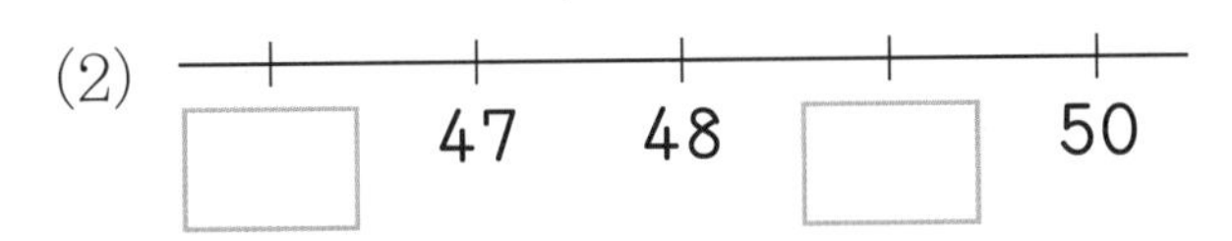

기억 3 여러 가지 모양

주변에서 ■, ▲, ● 모양을 찾을 수 있습니다.

3 모양이 같은 것끼리 이어 보세요.

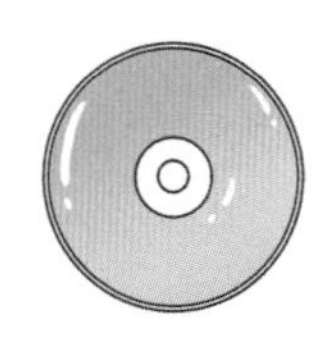

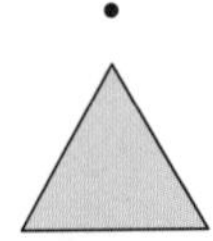

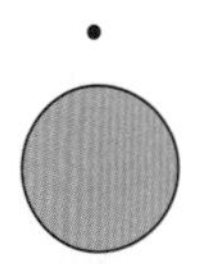

생각열기 ①

지금이 몇 시인가요?

1 가을이는 교실 벽에 걸린 동그란 물건을 보고 있습니다. 그 위에는 긴바늘과 짧은바늘이 있는데 움직이는 것 같기도 하고 가만히 있는 것 같기도 합니다. 물음에 답하세요.

(1) 물건의 이름은 무엇인가요?

(2) 무엇을 하는 데 쓰는 물건인가요?

(3) 몇 시인지 어떻게 알 수 있나요?

2 가을이가 적은 글을 보고 내가 오늘 하루 동안 한 일과 시각을 써 보세요.

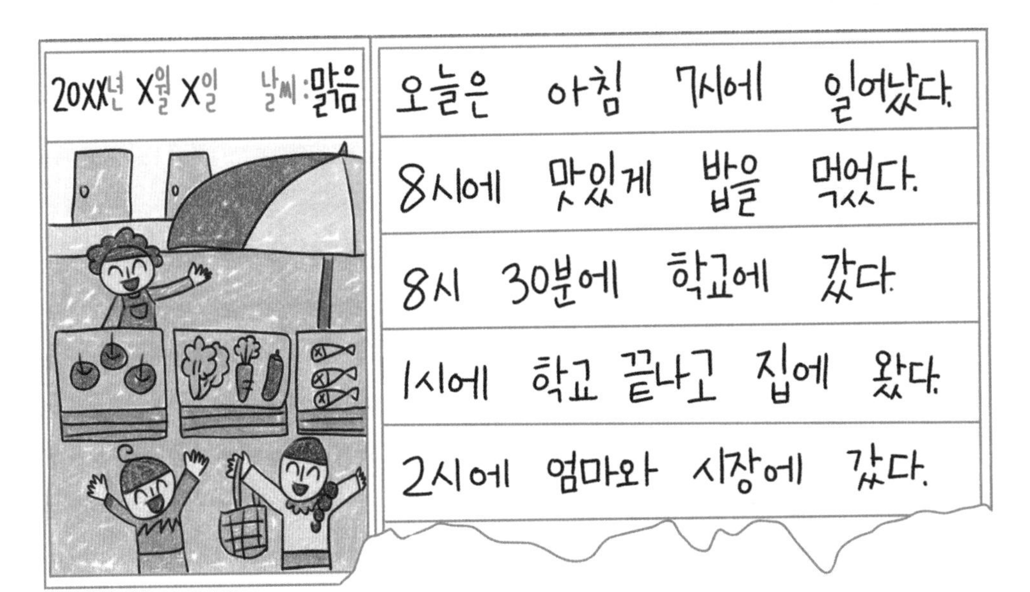

개념활용 ❶-1

몇 시, 몇 시 30분 시각 읽기

개념 정리 시각 읽기

시계 보기

짧은바늘이 10, 긴바늘이 12를 가리킬 때 시계는 10시를 나타내고 열 시라고 읽습니다.

짧은바늘이 2와 3 사이, 긴바늘이 6을 가리킬 때 시계는 2시 30분을 나타내고 두 시 삼십 분이라고 읽습니다.

시각 4시, 7시, 2시 30분, 6시 30분 등을 시각이라고 합니다.

1 여름이가 운동을 끝내고 시계를 보았습니다. 물음에 답하세요.

(1) 시계의 긴바늘은 어떤 숫자를 가리키고 있나요?

( )

(2) 시계의 짧은바늘은 어떤 숫자를 가리키고 있나요?

( )

(3) 시계는 몇 시를 나타내고 있나요?

( )

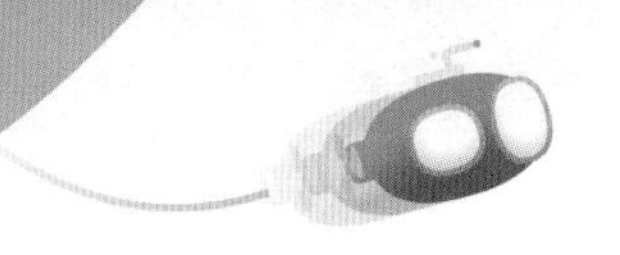

2 봄이가 밥을 먹기 시작하면서 시계를 보았습니다. □ 안에 알맞은 수를 써넣으세요.

짧은바늘은 □ 과 □ 사이에 있고, 긴바늘은 □ 을 가리킵니다.

따라서 시계는 □ 시 □ 분을 나타냅니다.

봄이가 밥을 먹기 시작한 시각은 □ 시 □ 분입니다.

3 겨울이가 집에 가는 버스를 타면서 시계를 보았습니다. 물음에 답하세요.

(1) : 왼쪽에는 어떤 숫자가 있나요?

( )

(2) : 오른쪽에는 어떤 숫자가 있나요?

( )

(3) 시계는 몇 시 몇 분을 나타내고 있나요?

( )

개념활용 ❶-2

시각을 읽고 시곗바늘 그리기

1 시계를 보고 몇 시인지 써 보세요.

(1)

☐ 시

(2)

☐ 시

(3)

☐ 시 ☐ 분

(4)

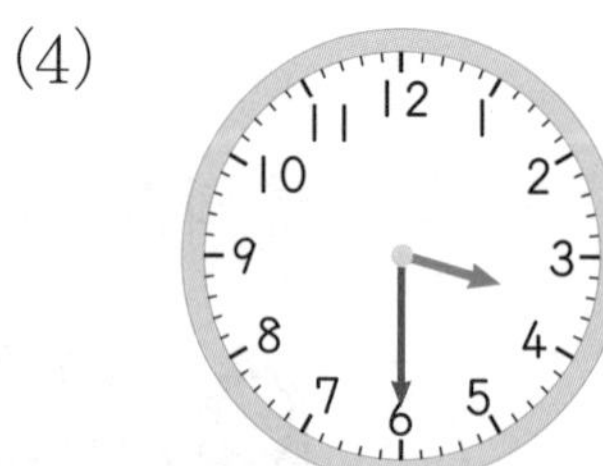

☐ 시 ☐ 분

(5)

☐ 시

(6)

2:30

☐ 시 ☐ 분

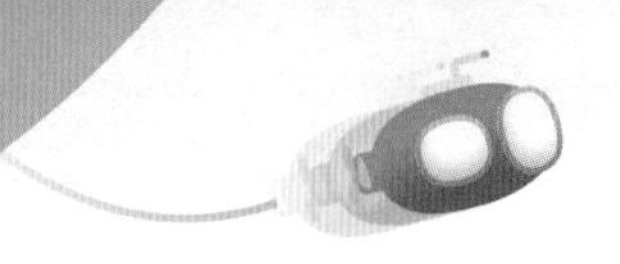

2 몇 시인지 시계에 나타내어 보세요.

(1)

지금 3시야.

(2)

시계를 보니 4시네.

(3)

11시 30분부터
책을 읽기로 했어.

(4)

시각이
5시 30분이네.

개념 정리 시곗바늘 그리기

- 몇 시를 그릴 때는 짧은바늘이 몇을 가리키고, 긴바늘이 12를 가리키도록 그립니다. 예를 들어, 10시는 짧은바늘이 10을 가리키고, 긴바늘이 12를 가리키도록 그립니다.

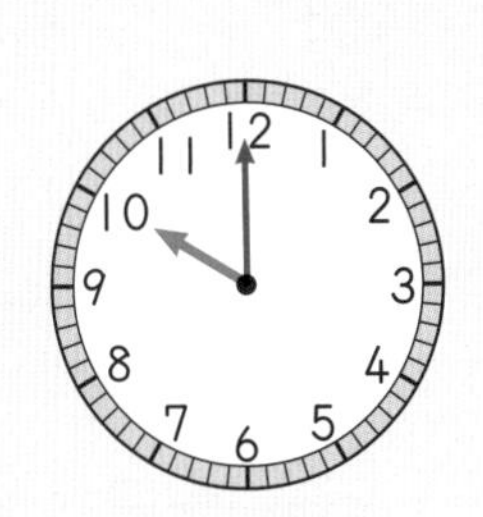

- 몇 시 30분은 짧은바늘이 몇과 그다음 수 사이, 긴바늘이 6을 가리키도록 그립니다. 예를 들어, 2시 30분은 짧은바늘이 2와 3 사이를 가리키고, 긴바늘이 6을 가리키도록 그립니다.

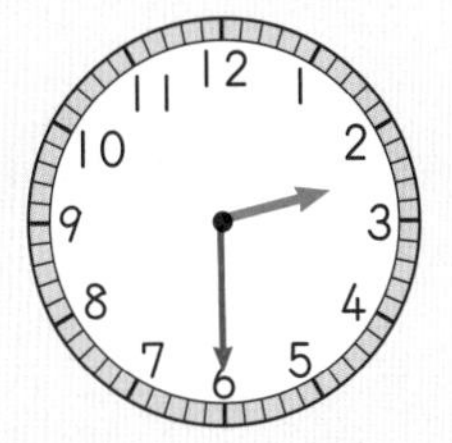

생각열기 ②

횡단보도에는 어떤 규칙이 있나요?

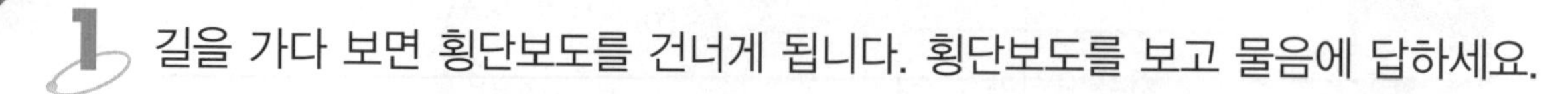

1 길을 가다 보면 횡단보도를 건너게 됩니다. 횡단보도를 보고 물음에 답하세요.

(1) 횡단보도에는 어떤 규칙이 있나요?

(2) 주위에서 횡단보도와 같은 규칙을 찾아 그리고 설명해 보세요.

(3) 바둑돌을 이용하여 횡단보도의 규칙을 설명해 보세요.

2 손과 발을 이용해서 규칙을 만들었습니다. 물음에 답하세요.

 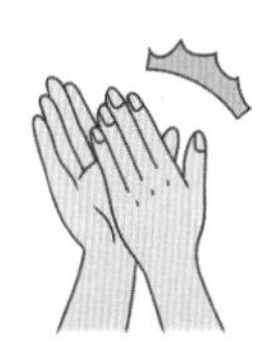 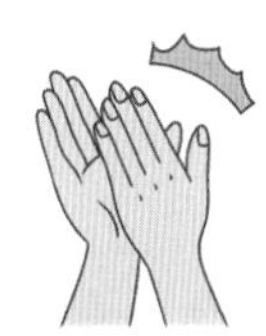  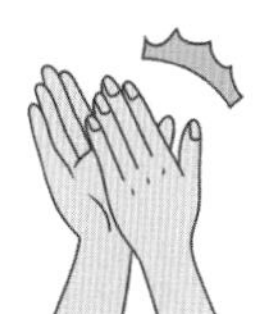 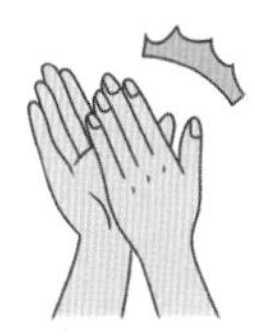

(1) 어떤 규칙이 있나요?

(2) 주위에서 위와 같은 규칙을 찾아 설명해 보세요.

(3) 바둑돌을 이용하여 위의 규칙을 설명해 보세요.

개념활용 ❷-1

규칙을 찾아 설명하기

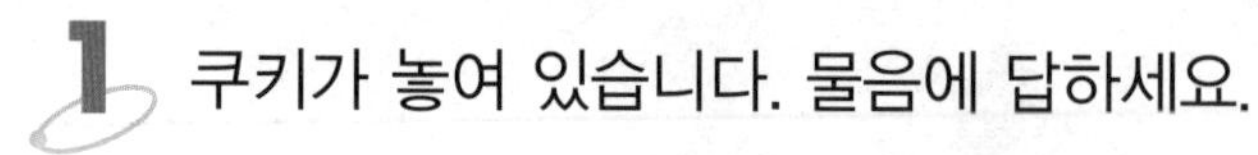

1 쿠키가 놓여 있습니다. 물음에 답하세요.

(1) 규칙을 찾아 빈칸에 알맞은 그림을 그려 보세요.

(2) 어떤 규칙인지 설명해 보세요.

2 친구들이 율동을 만들려고 합니다. 물음에 답하세요.

(1) 규칙을 찾아 빈칸에 알맞은 동작을 몸으로 표현해 보세요.

(2) 어떤 규칙인지 설명해 보세요.

3 규칙을 ○, ●로 나타내려고 해요.

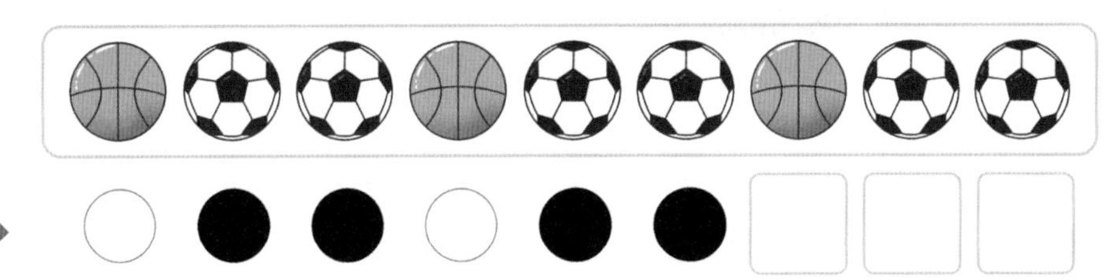

(1) 빈칸에 ○, ●를 알맞게 그려 보세요.

(2) 어떤 규칙인지 설명해 보세요.

4 규칙을 △, ○로 나타내려고 해요.

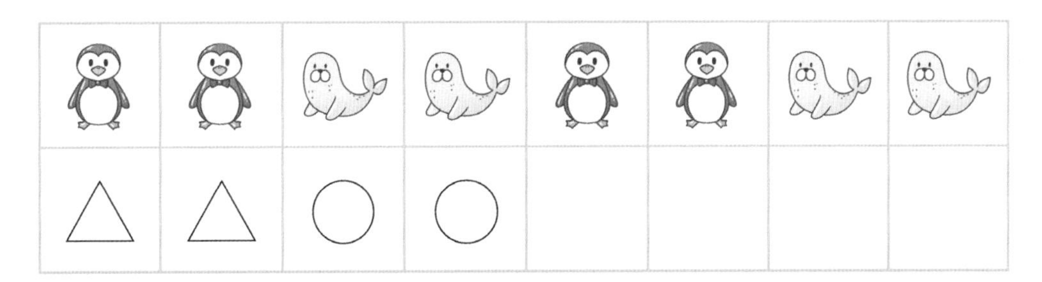

(1) 빈칸에 △, ○를 알맞게 그려 보세요.

(2) 어떤 규칙인지 설명해 보세요.

개념 정리 규칙을 찾아 설명하기

규칙 찾기: 가 반복됩니다.
규칙 설명하기: 고양이, 돼지, 원숭이가 반복됩니다.

개념활용 ❷-2

규칙 만들기

1 규칙을 만들고 물음에 답하세요.

(1) □, ■로 규칙을 만들어 보세요.

(2) (1)을 어떤 규칙으로 만들었는지 설명해 보세요.

(3) ○, ◎로 규칙을 만들어 보세요.

(4) (3)을 어떤 규칙으로 만들었는지 설명해 보세요.

(5) 나만의 모양으로 규칙을 만들고 설명해 보세요.

2 규칙을 만들어서 무늬를 꾸며 보세요.

(1) 규칙에 따라 색칠해 보세요.

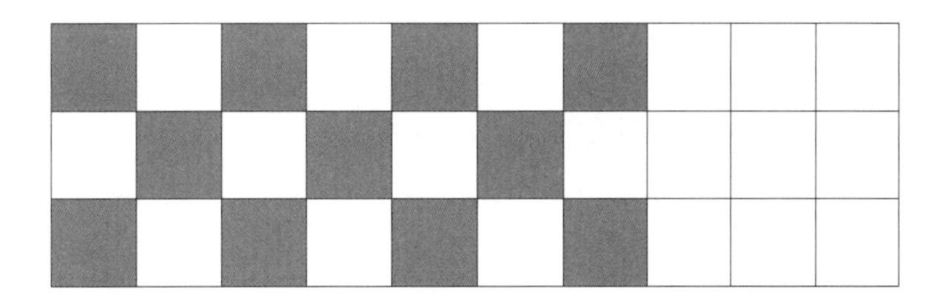

(2) (1)을 어떤 규칙으로 꾸몄는지 설명해 보세요.

(3) 규칙을 만들어서 나만의 무늬를 꾸며 보세요.

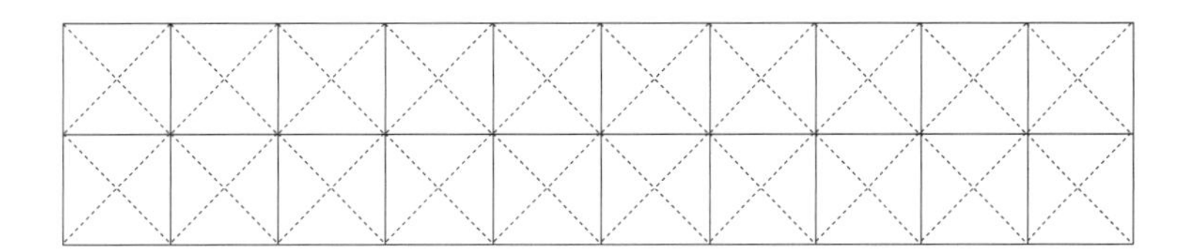

(4) (3)을 어떤 규칙으로 꾸몄는지 설명해 보세요.

(5) 여러 가지 모양으로 규칙을 만들어 무늬를 꾸미고 설명해 보세요.

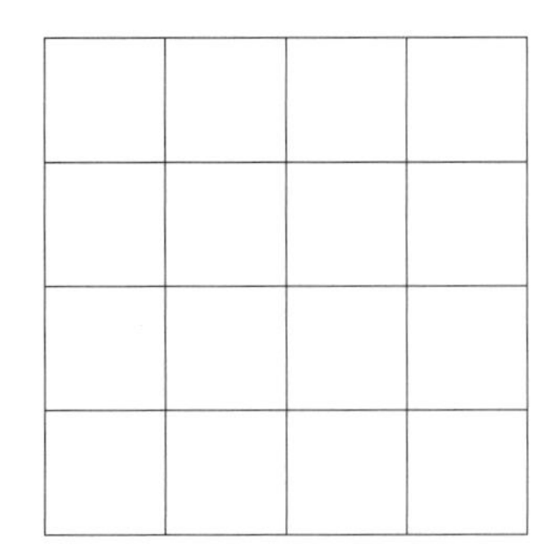

생각열기 3

수에도 규칙이 있나요?

1 수를 이용해서 규칙을 만들어 보세요.

(1) 1과 4를 이용하여 규칙을 만들어 보세요.

(2) (1)에서 어떤 규칙을 만들었는지 설명해 보세요.

2 수를 이용해서 규칙을 만들어 보세요.

(1) 1부터 20까지의 수 중에서 5개를 골라 규칙을 만들어 보세요.

(2) (1)에서 어떤 규칙을 만들었는지 설명해 보세요.

(3) 1부터 100까지의 수 중에서 7개를 골라 규칙을 만들어 보세요.

(4) (3)에서 어떤 규칙을 만들었는지 설명해 보세요.

3 수 배열표를 보고 물음에 답하세요.

1	2	3	4	5	6	7	8	9	10
11	12	13	14	15	16	17	18	19	20
21	22	23	24	25	26	27	28	29	30
31	32	33	34	35	36	37	38	39	40
41	42	43	44	45	46	47	48	49	50
51	52	53	54	55	56	57	58	59	60
61	62	63	64	65	66	67	68	69	70
71	72	73	74	75	76	77	78	79	80
81	82	83	84	85	86	87	88	89	90
91	92	93	94	95	96	97	98	99	100

(1) 규칙을 찾아 색칠해 보세요.

(2) (1)번과 다른 규칙을 찾아 색칠해 보세요.

(3) (1)과 (2)에서 색칠한 수에 어떤 규칙이 있는지 설명해 보세요.

개념활용 ❸-1

수에 대한 규칙 찾기

1 규칙을 찾으려고 합니다. 물음에 답하세요.

(1) 규칙에 맞게 빈칸에 2나 5를 써넣으세요.

2	5	2	5	2	5	2		

(2) (1)에 어떤 규칙이 있는지 설명해 보세요.

(3) 규칙에 맞게 빈칸에 알맞은 수를 써넣으세요.

1	1	9	1	1	9	1		

(4) (3)에 어떤 규칙이 있는지 설명해 보세요.

2 수를 이용하여 규칙을 만들려고 합니다. 물음에 답하세요.

(1) 1과 2를 이용해서 규칙을 만들어 보세요.

(2) (1)에서 어떤 규칙을 만들었는지 설명해 보세요.

3 규칙에 맞게 빈칸에 알맞은 수를 써넣고 어떤 규칙인지 설명해 보세요.

10	20	30	40	50	60	70		

4 수 배열표에서 규칙을 만들려고 합니다. 물음에 답하세요.

31	32	33	34	35	36	37	38	39	40
41	42	43	44	45	46	47	48	49	50
51	52	53	54	55	56	57	58	59	60
61	62	63	64	65	66	67	68	69	70

(1) 규칙을 찾아 색칠하고 어떤 규칙이 있는지 설명해 보세요.

(2) 다른 규칙을 만들어서 색칠하고 어떤 규칙으로 색칠했는지 설명해 보세요.

5 나만의 규칙을 정해서 규칙에 따라 색칠하고 규칙을 설명해 보세요.

21	22	23	24	25	26	27	28	29	30
31	32	33	34	35	36	37	38	39	40
41	42	43	44	45	46	47	48	49	50

표현하기

시계 보기와 규칙 찾기

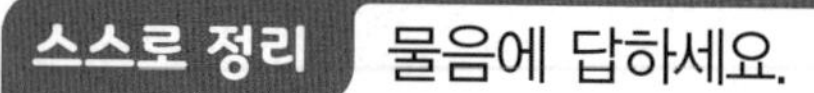
스스로 정리 물음에 답하세요.

1 시각을 시계에 나타내어 보세요.

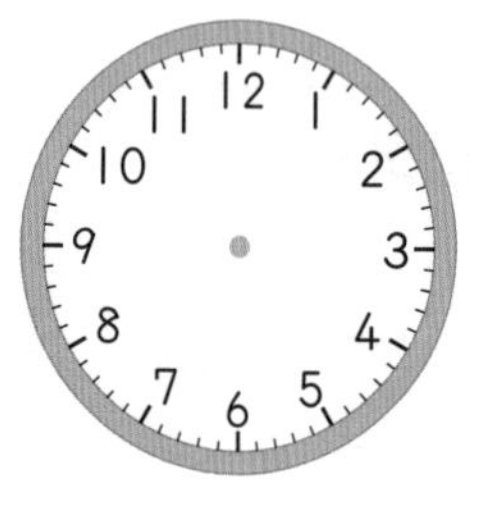

9시 30분

2 수 배열표에서 여러 가지 규칙을 찾아 써 보세요.

1	2	3	4	5
6	7	8	9	10
11	12	13	14	15
16	17	18	19	20
21	22	23	24	25

개념 연결 수를 읽고 쓰기

주제	수를 읽고 쓰기											
수를 읽고 쓰기	하나	둘			다섯	여섯	일곱			열		열둘
			3	4	5			8	9	10	11	12
	일			사	오		칠		구		십일	

1 2시 30분일 때 시곗바늘의 위치를 친구에게 편지로 설명해 보세요.

1 고장 난 시계를 찾고 그 이유를 다른 사람에게 설명해 보세요.

2 규칙에 따라 빈칸에 알맞은 수를 써넣고 그 이유를 다른 사람에게 설명해 보세요.

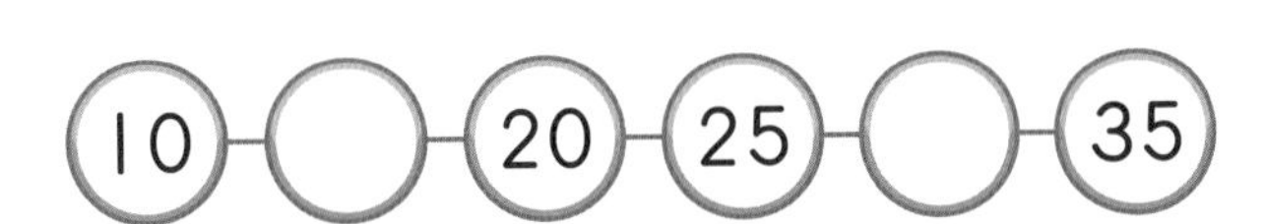

시계 보기와 규칙 찾기는 이렇게 연결돼요

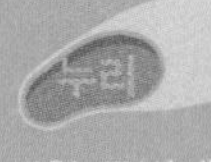

생활 주변에서 반복되는 규칙성 찾기

시계 보기와 규칙 찾기

시각과 시간 규칙 찾기

길이와 시간

단원평가 기본

1 시각을 써 보세요.

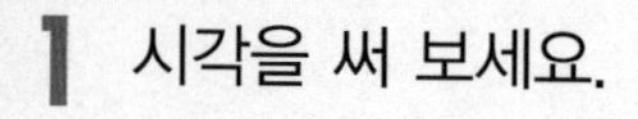

(1)

(2)

2 시각을 써 보세요.

(1)

(2)

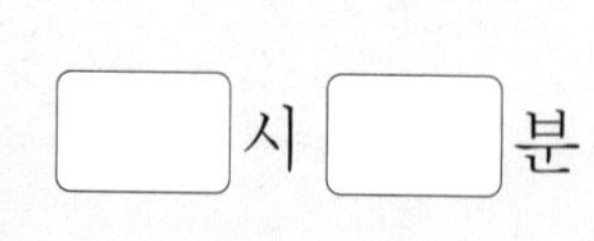

3 다음 시각을 시계에 나타내어 보세요.

(1)

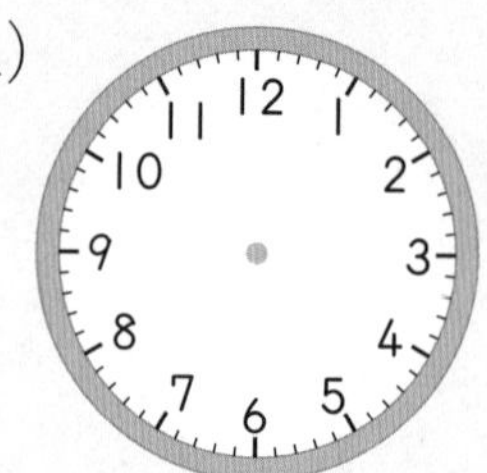

7시

(2)

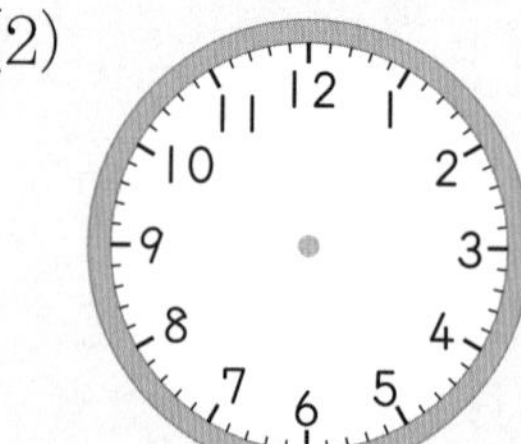

11시

(3)

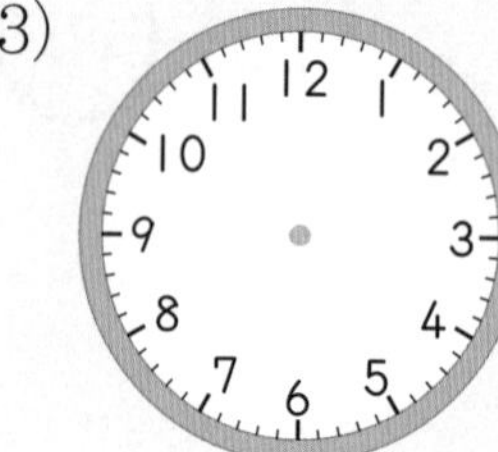

8시 30분

(4)

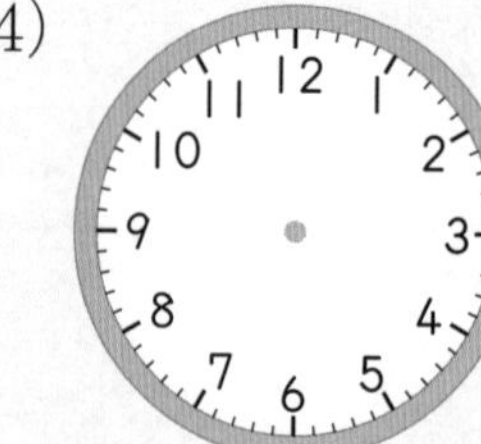

12시 30분

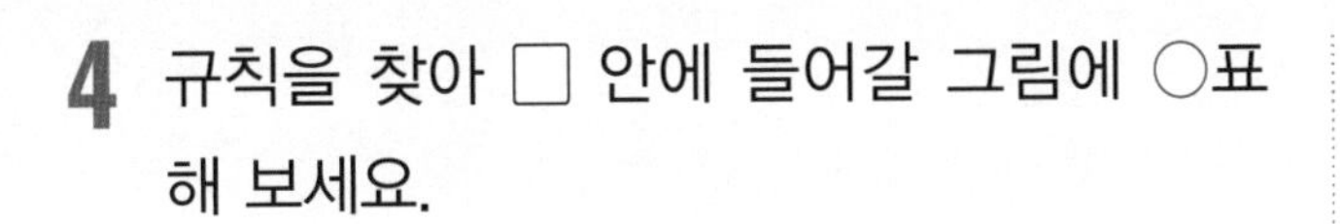

4 규칙을 찾아 □ 안에 들어갈 그림에 ○표 해 보세요.

5 그림을 보고 어떤 규칙이 있는지 써 보세요.

규칙 ________________________

____

6 가위를 △, 자를 ◇로 나타내어 규칙을 표현해 보세요.

7 색칠한 수들의 규칙을 찾아 써 보세요.

39	40	41	42	43	44	45	46
47	48	49	50	51	52	53	54
55	56	57	58	59	60	61	62

규칙 ________________________

____

8 ㉠에 들어갈 수를 구하고 어떻게 구했는지 설명해 보세요.

64	65	66		68	
72	73		75	76	77
80		82	83		㉠

(   )

1 설명을 보고 몇 시인지 써 보세요.

긴바늘이 6을 가리키고 있습니다.
짧은바늘이 7과 8 사이에 있습니다.

( )

2 같은 시계를 보고 친구들이 나눈 대화입니다. 틀리게 말한 친구는 누구일까요?

주희 : 짧은바늘이 3과 4 사이를 가리키고 있어
태희 : 긴바늘이 6을 가리키고 있어.
철수 : 4시 30분이라고 읽을 수 있어.
규민 : 책상 위의 시계가 3:30을 나타내고 있어.

( )

3 규칙을 찾아 설명해 보세요.

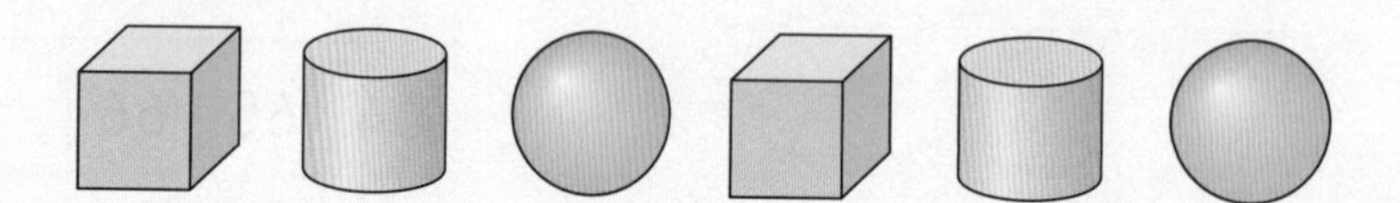

4 규칙에 따라 빈칸에 주사위의 눈이나 수를 알맞게 그리거나 써넣으세요.

⚀	⚂	⚄		⚂	⚄
1	3	5	1	3	

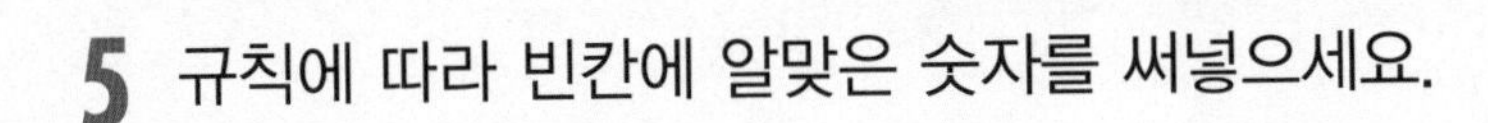

5 규칙에 따라 빈칸에 알맞은 숫자를 써넣으세요.

4		2	4	1	

6 점선 위의 수에 어떤 규칙이 있는지 써 보세요.

51	52	53	54	55
59	60	61		
67			70	
	76			

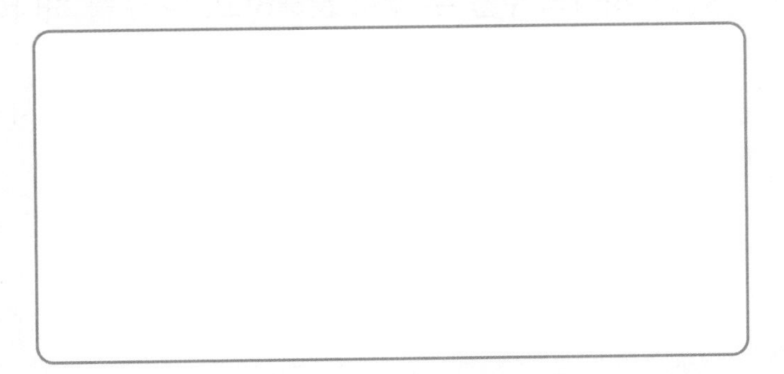

7 시곗바늘을 알맞게 그려 넣어 보세요.

2:30

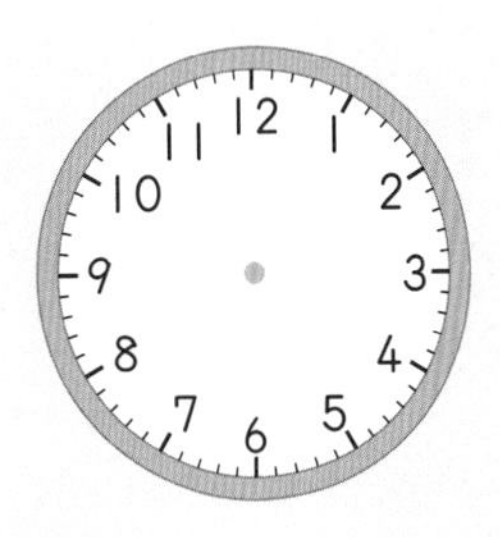

8 빈칸에 알맞은 수를 써넣고 점선 위의 수에 어떤 규칙이 있는지 찾아 써 보세요.

47	48	49	50	51	52	53
54	55		57		59	60
61	62	63	64	65		67
68	69	70	71	72	73	

6 어머니가 판 주먹밥은 몇 개인가요?

덧셈과 뺄셈(3)

- 하나의 수를 두 수로 분해하고, 두 수를 하나의 수로 합성하는 활동을 통하여 수 감각을 기를 수 있어요.
- 두 자리 수의 범위에서 덧셈과 뺄셈의 계산 원리를 이해하고 그 계산을 할 수 있어요.

Check 스스로 다짐하기

- ☐ 말한 것, 생각한 것을 글로 꼭 써 보세요.
- ☐ 정답만 쓰지 말고 이유도 꼭 써 보세요.
- ☐ 익숙하게 빨리 하는 것도 필요해요.
- ☐ 빨리 하는 것도 중요하지만, 자세하고 정확하게 하는 것이 더 중요해요.

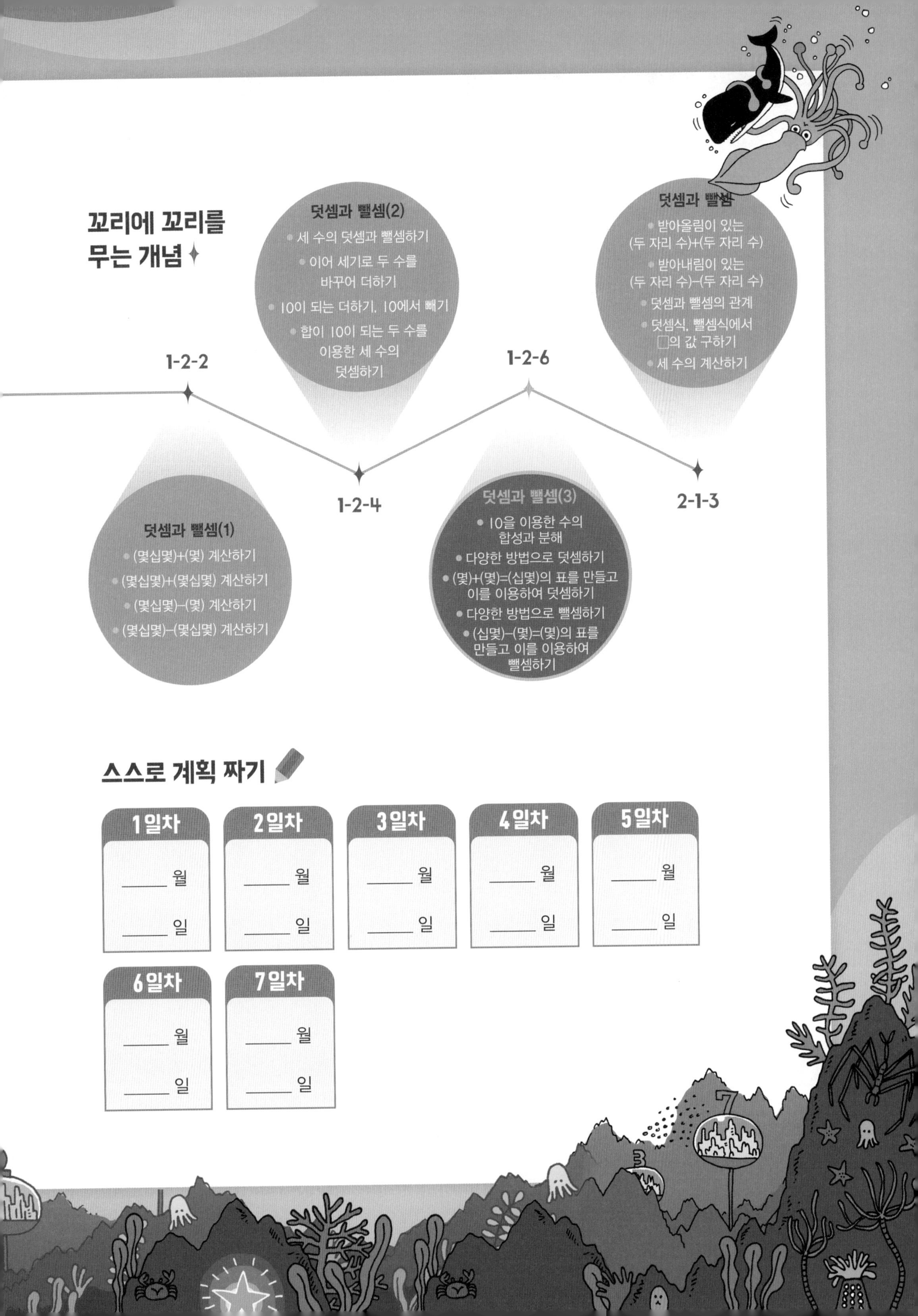

꼬리에 꼬리를 무는 개념

1-2-2 덧셈과 뺄셈(1)
- (몇십몇)+(몇) 계산하기
- (몇십몇)+(몇십몇) 계산하기
- (몇십몇)−(몇) 계산하기
- (몇십몇)−(몇십몇) 계산하기

1-2-4 덧셈과 뺄셈(2)
- 세 수의 덧셈과 뺄셈하기
- 이어 세기로 두 수를 바꾸어 더하기
- 10이 되는 더하기, 10에서 빼기
- 합이 10이 되는 두 수를 이용한 세 수의 덧셈하기

1-2-6 덧셈과 뺄셈(3)
- 10을 이용한 수의 합성과 분해
- 다양한 방법으로 덧셈하기
- (몇)+(몇)=(십몇)의 표를 만들고 이를 이용하여 덧셈하기
- 다양한 방법으로 뺄셈하기
- (십몇)−(몇)=(몇)의 표를 만들고 이를 이용하여 뺄셈하기

2-1-3 덧셈과 뺄셈
- 받아올림이 있는 (두 자리 수)+(두 자리 수)
- 받아내림이 있는 (두 자리 수)−(두 자리 수)
- 덧셈과 뺄셈의 관계
- 덧셈식, 뺄셈식에서 □의 값 구하기
- 세 수의 계산하기

스스로 계획 짜기

1일차	2일차	3일차	4일차	5일차	6일차	7일차
____ 월 ____ 일	____ 월 ____ 일	____ 월 ____ 일	____ 월 ____ 일	____ 월 ____ 일	____ 월 ____ 일	____ 월 ____ 일

기억 1 두 자리 수의 덧셈과 뺄셈하기

$$\begin{array}{r} 32 \\ +\ 14 \\ \hline \end{array} \Rightarrow \begin{array}{r} 32 \\ +\ 14 \\ \hline 6 \end{array} \Rightarrow \begin{array}{r} 32 \\ +\ 14 \\ \hline 46 \end{array}$$

32+14=46

$$\begin{array}{r} 38 \\ -\ 12 \\ \hline \end{array} \Rightarrow \begin{array}{r} 38 \\ -\ 12 \\ \hline 6 \end{array} \Rightarrow \begin{array}{r} 38 \\ -\ 12 \\ \hline 26 \end{array}$$

38−12=26

1 계산해 보세요.

(1) 40+50

(2) 95−43

(3) $\begin{array}{r} 70 \\ +\ 10 \\ \hline \end{array}$

(4) $\begin{array}{r} 15 \\ +\ 24 \\ \hline \end{array}$

(5) $\begin{array}{r} 80 \\ -\ 30 \\ \hline \end{array}$

(6) $\begin{array}{r} 88 \\ -\ 33 \\ \hline \end{array}$

기억 2 한 자리 수인 세 수의 덧셈과 뺄셈하기

세 수의 덧셈 $1+4+2=7$

(1+4 → 5, 5+2 → 7)

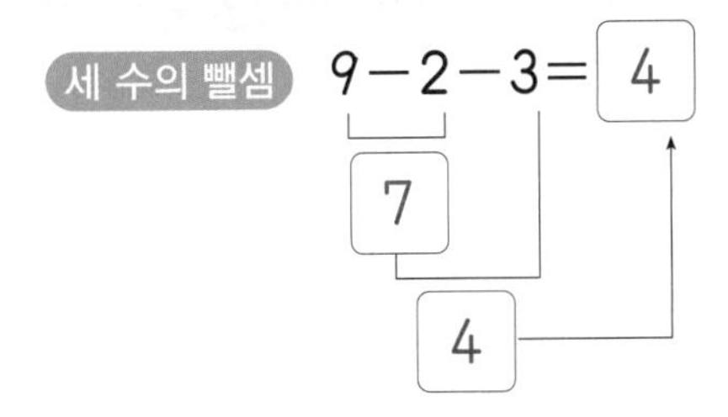

2 계산해 보세요.

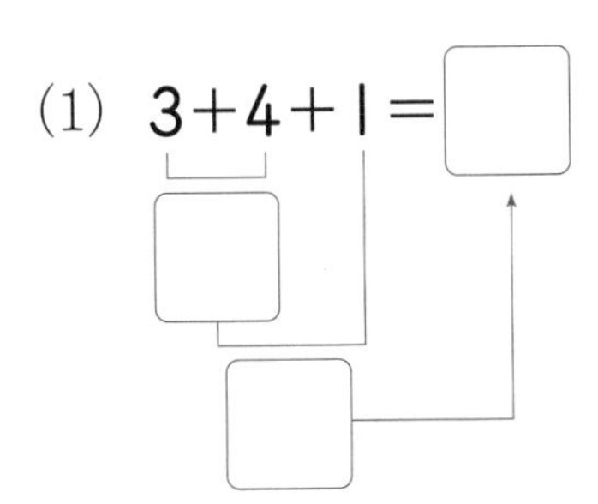

(2) $7-2-1=$ ☐

기억 3 10 만들어 더하기

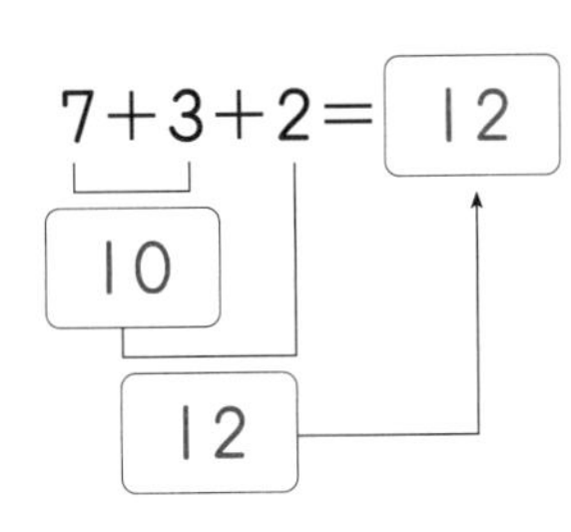

$8+6+4=18$

(6+4 → 10, 8+10 → 18)

3 계산해 보세요.

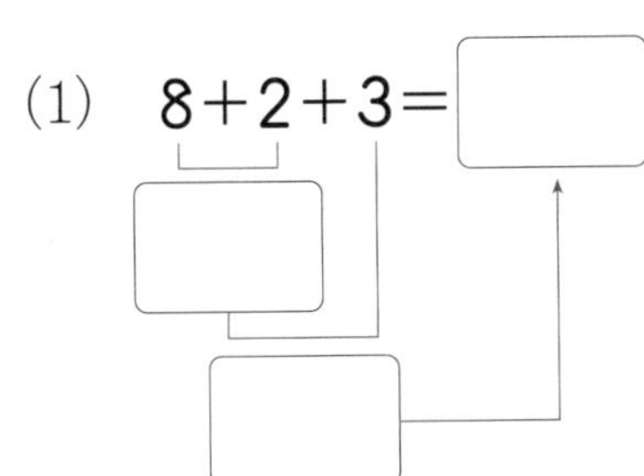

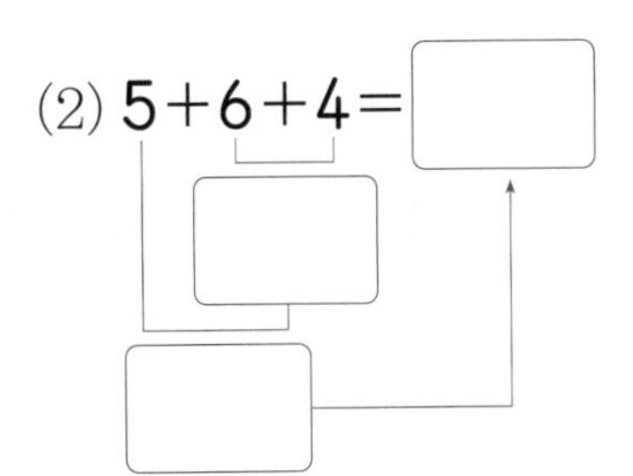

생각열기 ①

어머니가 판 주먹밥은 몇 개인가요?

1 해식이와 달콩이의 어머니는 주먹밥을 만들어 시장에 내다 팔고 먹을거리를 사서 돌아오십니다. 어머니가 어제와 오늘 판 주먹밥의 개수는 다음과 같습니다.

(1) 어머니가 어제 판 주먹밥은 몇 개인가요?

(2) 어머니가 오늘 판 주먹밥은 몇 개인가요?

(3) 어머니가 어제와 오늘 판 주먹밥은 모두 몇 개인가요?

(4) (3)을 어떻게 구했는지 설명해 보세요.

2 5+5+3과 5+8에 대해 알아보세요.

(1) 5+5+3은 얼마인가요?

(2) (1)을 어떻게 구했는지 설명해 보세요.

(3) 5+5+3과 5+8의 결과는 같은지 다른지 알맞은 말에 ○표 하고 그 이유를 써 보세요.

5+5+3과 5+8의 결과는 (같습니다 , 다릅니다).

이유

개념활용 ❶-1

그림으로 10이 넘는 덧셈하기

해식이와 달콩이의 어머니가 어제와 오늘 판 주먹밥입니다. 물음에 답하세요.

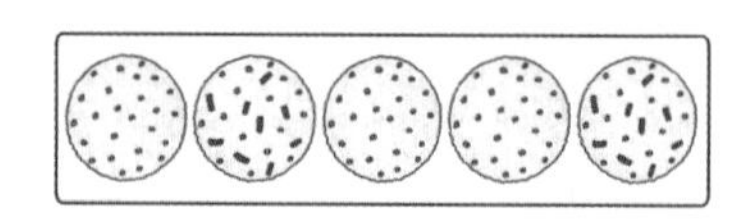

어제 판 주먹밥

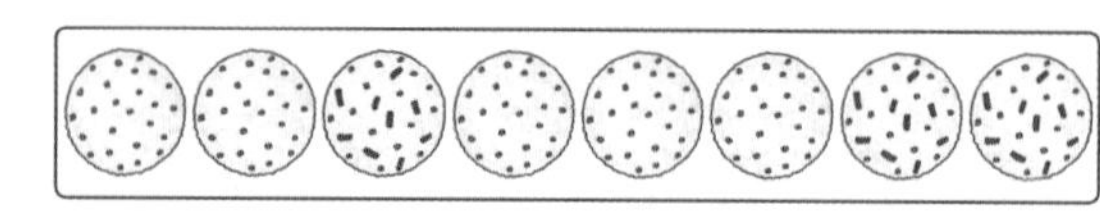

오늘 판 주먹밥

(1) 어머니가 어제 판 주먹밥을 검은색 바둑돌로, 오늘 판 주먹밥을 흰색 바둑돌로 나타내었습니다. 어머니가 판 주먹밥의 개수는 모두 몇 개인지 식을 세워 구해 보세요.

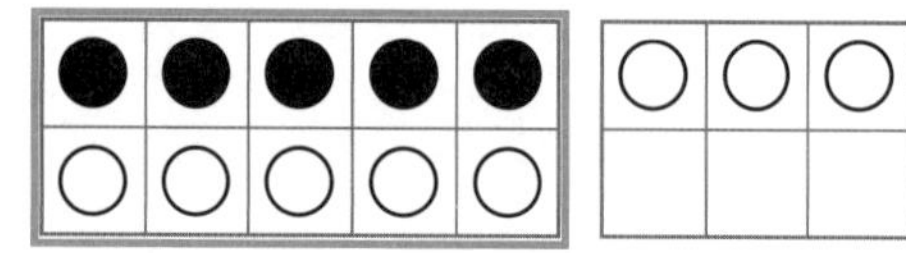 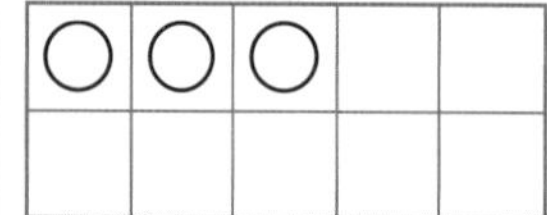

(2) (1)에서 파란색으로 표시된 부분을 덧셈식으로 나타내어 보세요.

(3) 어제와 오늘 판 주먹밥의 개수를 구하는 식입니다. □ 안에 알맞은 수를 써넣으세요.

5 + □ + 3 = □

(4) 5+8을 다음과 같이 나타내었습니다. 파란색으로 표시된 부분을 덧셈식으로 나타내어 보세요.

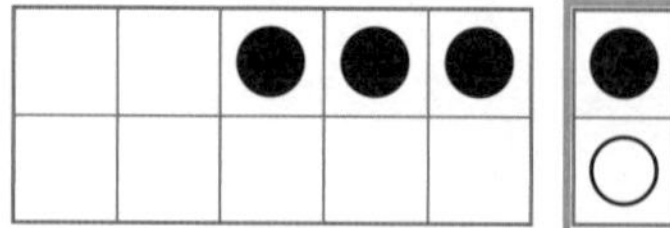 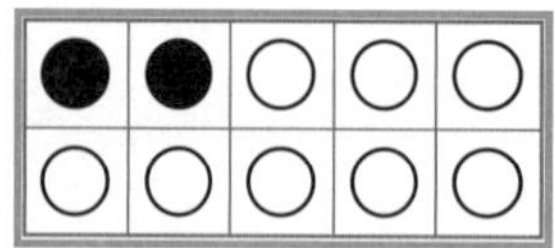

(5) 위 그림을 다음과 같은 식으로 나타내었습니다. □ 안에 알맞은 수를 써넣으세요.

3 + 2 + □ = □

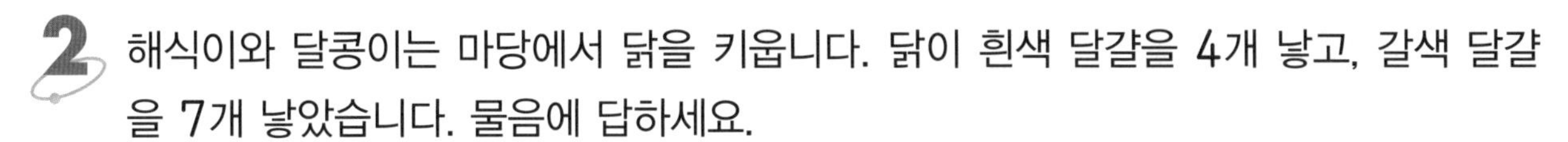

2 해식이와 달콩이는 마당에서 닭을 키웁니다. 닭이 흰색 달걀을 4개 낳고, 갈색 달걀을 7개 낳았습니다. 물음에 답하세요.

(1) 흰색 달걀을 흰색 바둑돌로, 갈색 달걀을 검은색 바둑돌로 나타내어 보세요.

흰색 달걀

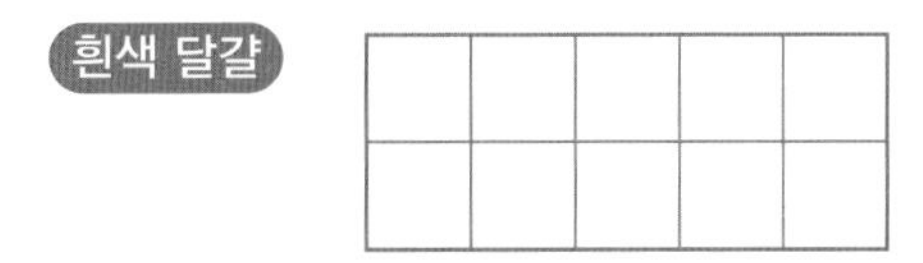

갈색 달걀

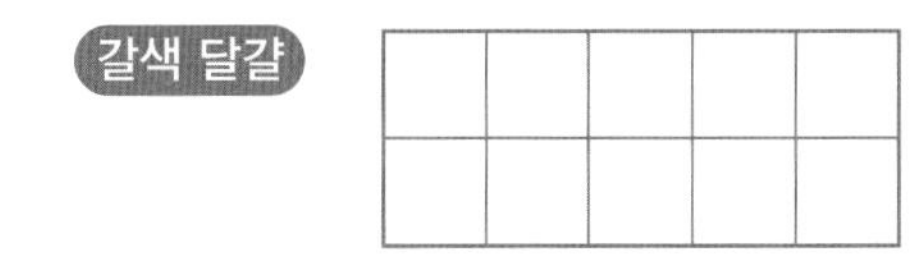

(2) 해식이와 달콩이네 닭이 낳은 알의 개수는 모두 몇 개인지 식을 세워 구해 보세요.

(3) 흰색 달걀과 갈색 달걀은 모두 몇 개인지 두 가지 방법으로 나타내었습니다. 방법1 과 방법2 를 식으로 나타내었을 때, □ 안에 알맞을 수를 써넣으세요.

방법1

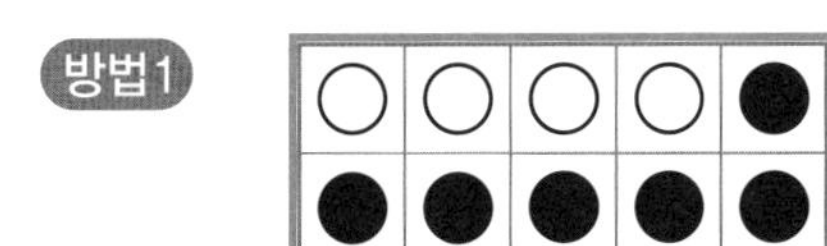

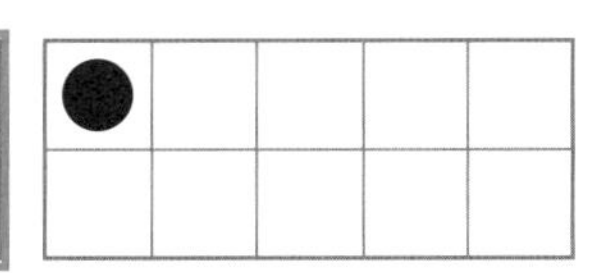

4 + □ + 1 = □

방법2

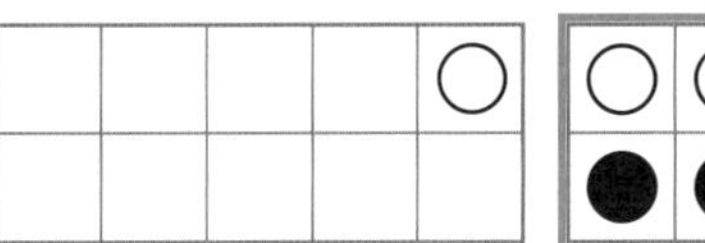

1 + 3 + □ = □

개념 정리 그림과 식을 이용하여 덧셈하기

7+8=15

방법1

(7+3)+5=15

방법2

5+(2+8)=15

개념활용 ❶-2

10을 이용하여 10이 넘는 덧셈식 해결하기

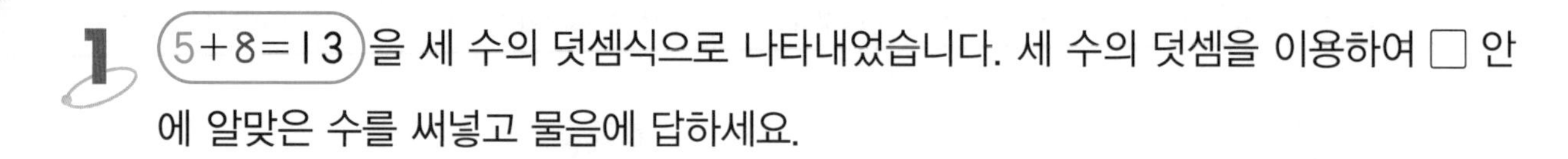

1 (5+8=13)을 세 수의 덧셈식으로 나타내었습니다. 세 수의 덧셈을 이용하여 □ 안에 알맞은 수를 써넣고 물음에 답하세요.

(1) 5+5+3=13

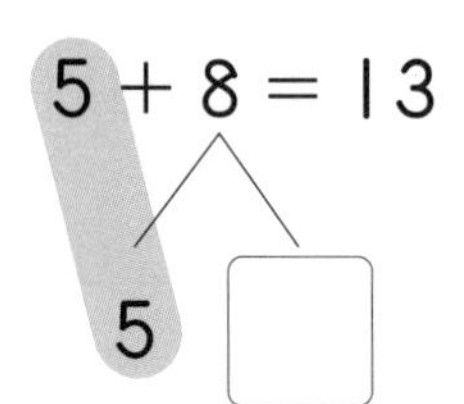

(2) 3+2+8=13

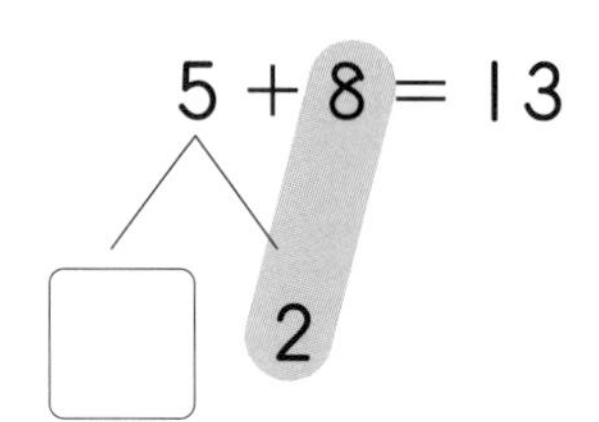

(3) 위에서 ( ) 로 색칠된 수를 더하면 얼마인가요?

( )

2 (4+7=11)을 세 수의 덧셈식으로 나타내었습니다. 세 수의 덧셈을 이용하여 □ 안에 알맞은 수를 써넣으세요.

(1) 4+6+1=11

4 + 7 = 11

6 □

(2) 1+3+7=11

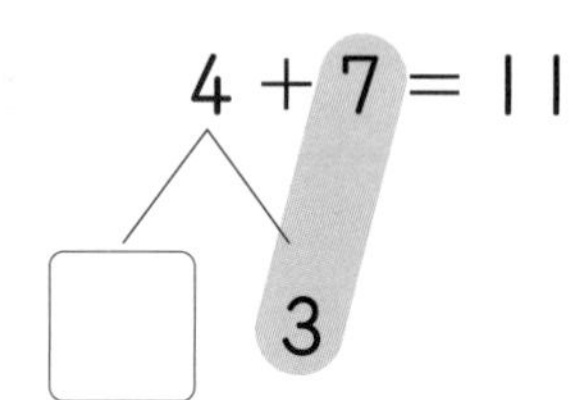

개념 정리 10을 이용해 덧셈하기

(7+8=15)

7 + 8 = 15

3 5

7 + 8 = 15

5 2

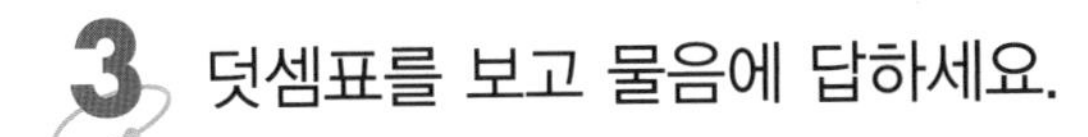

3 덧셈표를 보고 물음에 답하세요.

+	1	2	3	4	5	6	7	8	9
4	5	6	7	8	9	10	11	12	13
5	6	7	8	9	10	11		13	14
6	7	8	9	10					15
7	8	9	10	11	12	13		15	16
8	9	10	11	12	13	14		16	17
9	10	11	12	13	14	15	16	17	18

(1) 덧셈표의 빈칸에 알맞은 수를 덧셈식으로 나타내었습니다. □ 안에 알맞은 수를 써넣으세요.

6+5=11	5+7=12
6+6=□	6+7=□
6+7=□	7+7=□
6+8=□	8+7=□

(2) 덧셈표를 보고 알 수 있는 것을 써 보세요.

생각열기 ②

어머니가 팔고 남은 시루떡은 몇 개인가요?

1 해식이와 달콩이의 어머니는 시장에서 시루떡을 만들어 팔기 시작했어요.

오늘 어머니가 만든 시루떡

(1) 오늘 어머니가 만든 시루떡은 몇 개인가요?

(2) 시루떡은 오늘 8개가 팔렸습니다. 어머니가 팔고 남은 시루떡은 몇 개인가요?

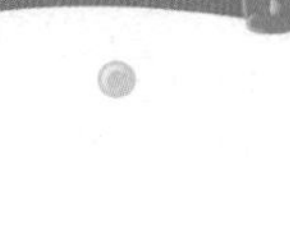

(3) (2)를 어떻게 구했는지 설명해 보세요.

(4) 10−8+5는 얼마인가요?

(5) (4)를 어떻게 구했는지 설명해 보세요.

(6) 10−8+5와 15−8의 결과는 같은지 다른지 알맞은 말에 ○표 하고 그 이유를 써 보세요.

10−8+5와 15−8의 결과는 (같습니다 , 다릅니다).

이유

개념활용 ❷-1

그림으로 (십몇)-(몇) 계산하기

1 해식이와 달콩이는 오늘 어머니가 팔고 남은 시루떡의 개수를 그림을 그려 구하려고 해요.

오늘 어머니가 만든 시루떡

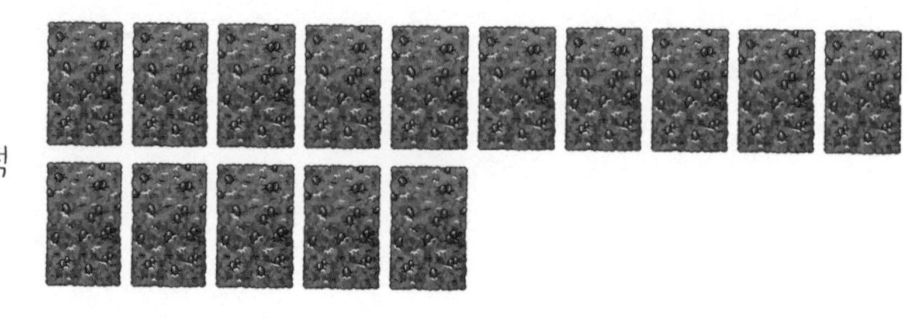

(1) 오늘 어머니는 시루떡을 8개 팔았습니다. 시루떡 8개에 ／ 표시를 해 보세요.

(2) 오늘 어머니가 팔고 남은 시루떡은 몇 개인지 식을 세워 구해 보세요.

(3) 오늘 어머니가 팔고 남은 시루떡의 개수를 다음과 같이 나타내었습니다. 식으로 나타내었을 때, □ 안에 알맞은 수를 써넣으세요.

방법1

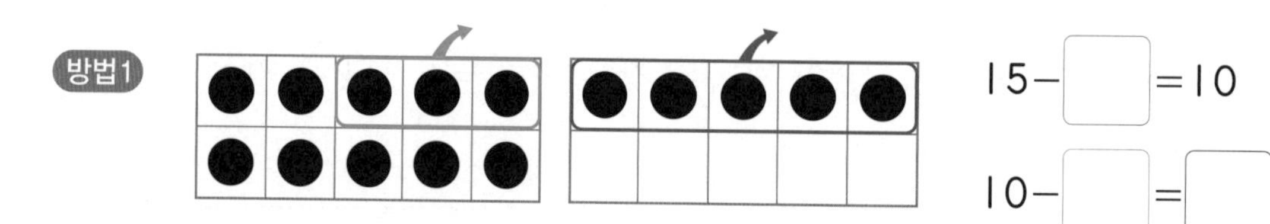

15－□＝10

10－□＝□

방법2

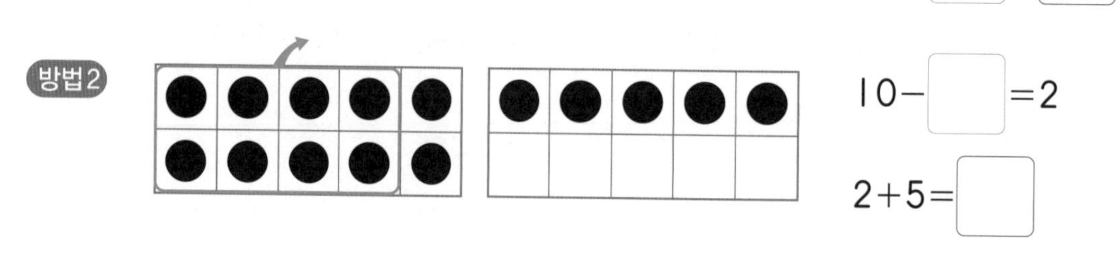

10－□＝2

2＋5＝□

➡ 오늘 팔고 남은 시루떡의 개수는 □개입니다.

2 어제 어머니는 시루떡을 12개 팔았습니다. 오늘보다 어제 몇 개를 더 팔았는지 구해 보세요.

(1) 어머니가 어제 판 시루떡을 ○로, 오늘 판 시루떡을 ●로 나타내어 개수의 차이를 두 가지 방법으로 알아보았습니다.

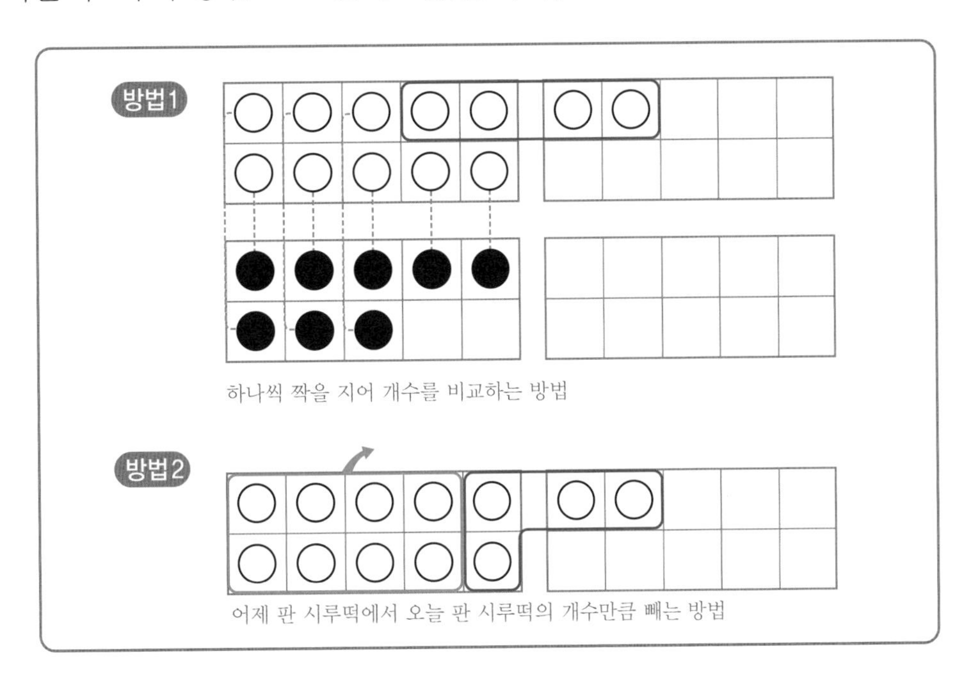

방법2를 식으로 나타내었을 때, □ 안에 알맞은 수를 써넣으세요.

$10-\square=2$ $2+2=\square$

(2) 어제 판 시루떡과 오늘 판 시루떡의 개수의 차이는 □개입니다.

개념 정리 그림과 식을 이용해 뺄셈하기

$12-7=5$

방법1

$12-2=10$

$10-5=5$

방법2

$10-7=3$

$3+2=5$

개념활용 ❷-2

10을 이용하여 뺄셈하기

1 (15−8=7)을 두 가지 식으로 나타내었습니다. □ 안에 알맞은 수를 써넣으세요.

(1)

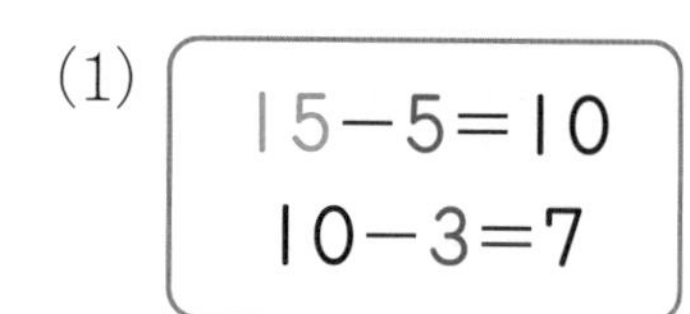

15−5=10
10−3=7

$15-8=7$ (8 → 5, □)

(2)

10−8=2
2+5=7

$15-8=7$ (15 → 10, □)

(3) 위에서 [색칠된 부분] 로 색칠된 수를 빼면 얼마인가요?

(　　　　　　　　)

2 (12−8=4)를 두 가지 식으로 나타내었습니다. □ 안에 알맞은 수를 써넣으세요.

(1)

12−2=10
10−6=4

$12-8=4$ (8 → 2, □)

(2)

10−8=2
2+2=4

$12-8=4$ (12 → 10, □)

3 뺄셈표를 보고 물음에 답하세요.

11−2	11−3	11−4	11−5	11−6
9	8	7	6	
12−2	12−3	12−4	12−5	12−6
10				
	13−3	13−4	13−5	13−6
	10	9	8	
		14−4	14−5	14−6
		10	9	

(1) 뺄셈표의 빈칸에 알맞은 수를 뺄셈식으로 나타내었습니다. □ 안에 알맞은 수를 써넣으세요.

12−3=□	11−6=□
12−4=□	12−6=□
12−5=□	13−6=□
12−6=□	14−6=□

(2) 뺄셈표를 통해 알 수 있는 것을 써 보세요.

개념 정리 10을 이용하여 뺄셈하기

14−8=6

14 − 8 = 6 (8을 4와 4로 가르기)

14 − 8 = 6 (14를 10과 4로 가르기)

표현하기

덧셈과 뺄셈(3)

스스로 정리 덧셈과 뺄셈을 여러 가지 방법으로 해결해 보세요.

1 $8+5$

2 $15-7$

개념 연결 계산해 보세요.

주제	계산하기
10을 만들어 더하기	$3+9+1$을 계산해 보세요.
두 수로 가르기	4 → 1, □ / 8 → 6, □ / 13 → 10, □ / 15 → 10, □

10을 만들어 더하기와 두 수로 가르기를 이용하여 다음 계산을 하는 과정을 친구에게 편지로 설명해 보세요.

1 $7+5$

2 $13-6$

1 빈칸에 알맞은 수를 써넣고 그 이유를 다른 사람에게 설명해 보세요.

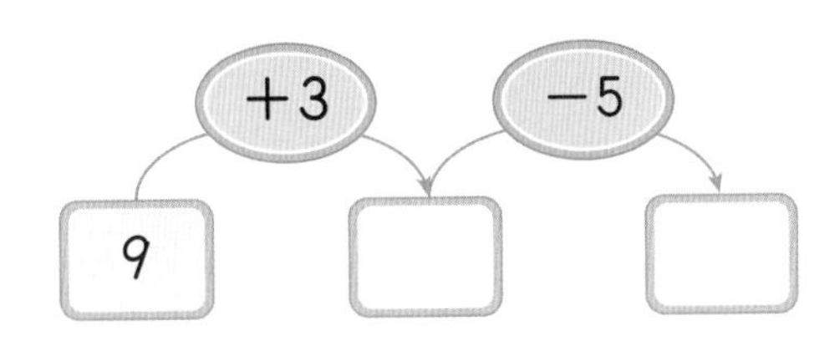

2 학생 17명에게 공책을 한 권씩 나누어 주려고 합니다. 지금 공책이 9권 있다면 몇 권이 더 필요한지 구하고 그 과정을 다른 사람에게 설명해 보세요.

덧셈과 뺄셈은 이렇게 연결돼요

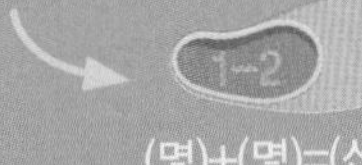

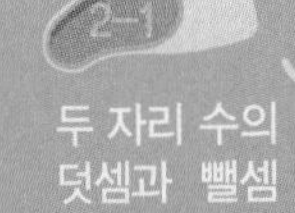

단원평가 기본

1 오른쪽의 ○를 왼쪽으로 옮겨서 왼쪽의 10칸을 모두 채우고 □ 안에 알맞은 수를 써넣으세요.

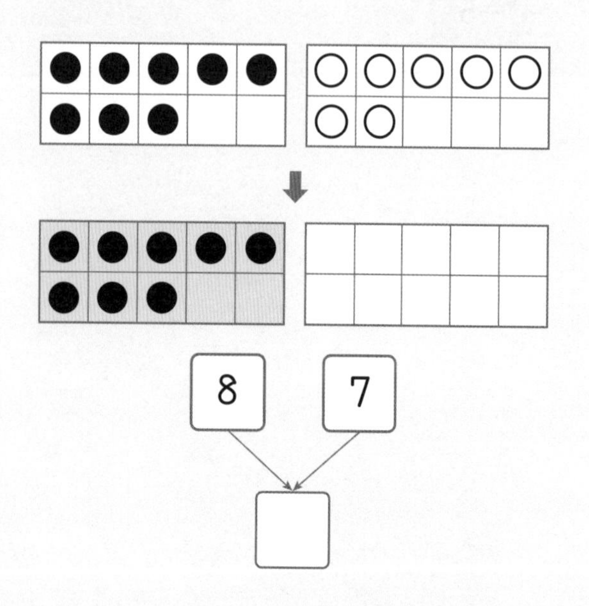

2 10을 이용하여 가르기와 모으기를 해 보세요.

(1)

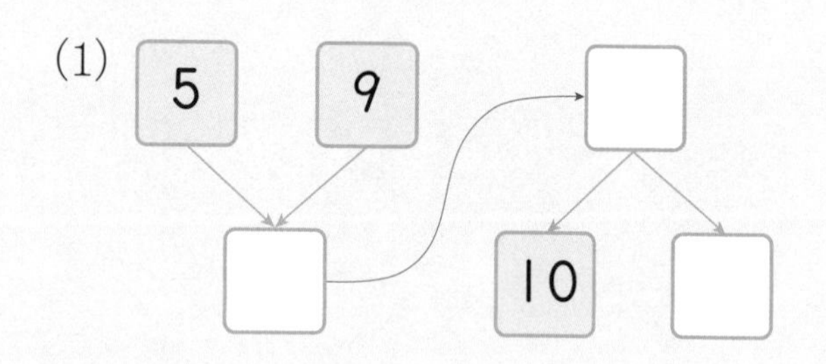

(2)

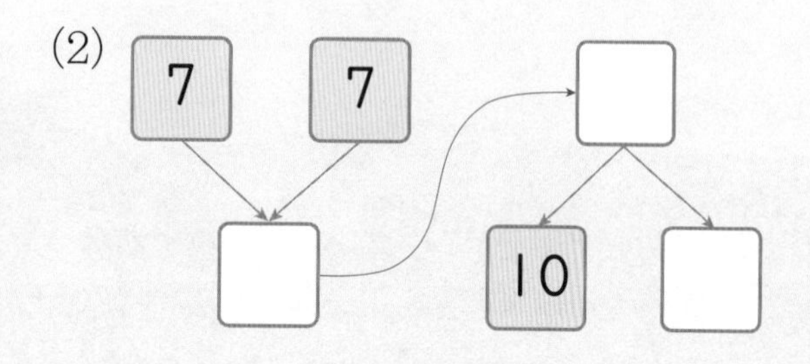

3 □ 안에 알맞은 수를 써넣으세요.

(1) $6 + 8 = \square$

4 □

(2)

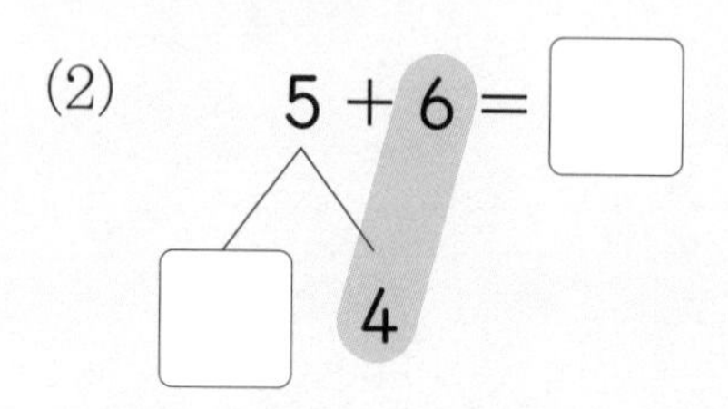

(3)

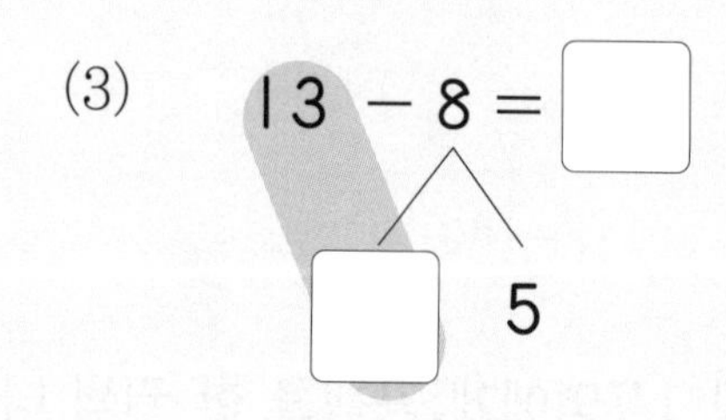

(4) $14 - 9 = \square$

10 □

4 빵을 /으로 지워 18−9를 계산해 보세요.

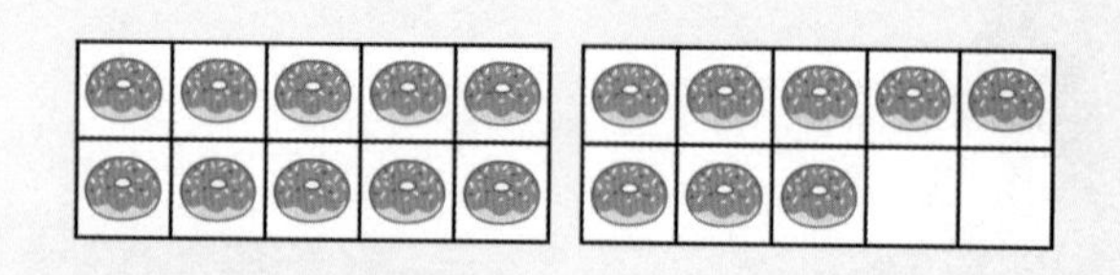

$18-9=\square$

5 □ 안에 알맞은 수를 써넣으세요.

(1)

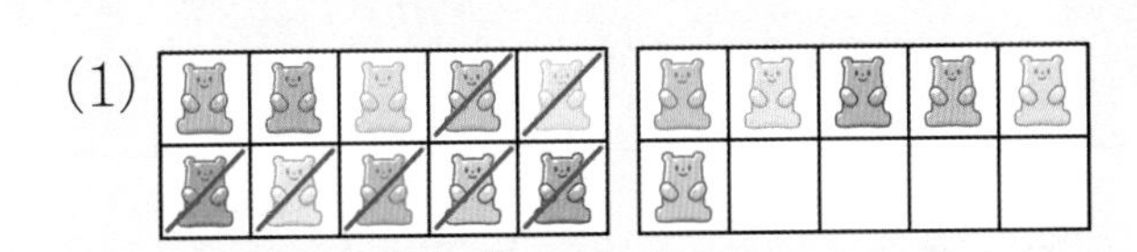

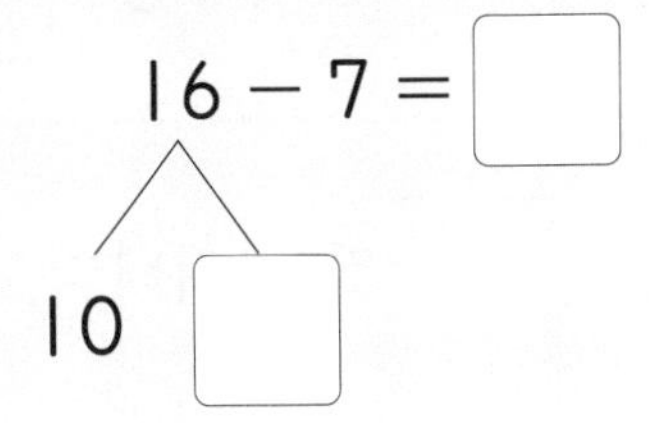

$16 - 7 = \square$

10 □

(2)

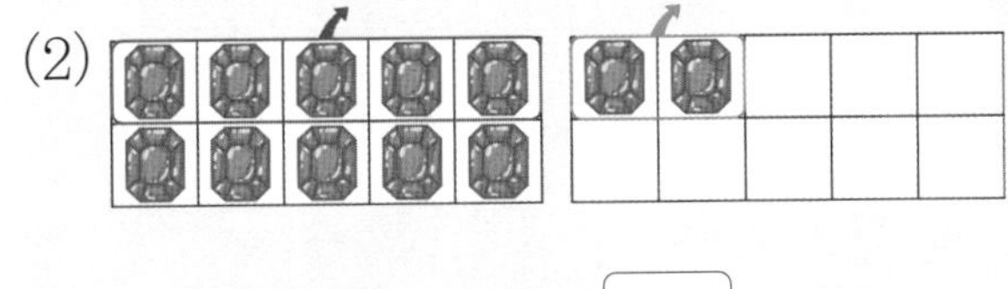

$12 - 7 = \square$

□ 5

6 두 수의 합이 가장 작은 식을 찾아 기호를 써 보세요.

㉠ 4+7　㉡ 7+5
㉢ 3+9　㉣ 6+7

(　　　　)

7 계산 결과를 비교하여 ○ 안에 >, =, < 를 알맞게 써넣으세요.

15−6 ○ 16−7

8 두 수의 차를 구하여 표를 완성해 보세요.

−	6	7	8
13			
14			
15			

9 계산 결과가 7인 뺄셈식을 모두 찾아 기호를 써 보세요.

㉠ 12−5　㉡ 14−5
㉢ 17−9　㉣ 15−8

(　　　　)

단원평가 심화

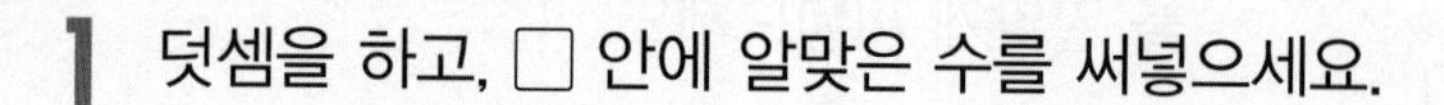

1 덧셈을 하고, □ 안에 알맞은 수를 써넣으세요.

$7+5=\square$ $7+6=\square$ $7+7=\square$ $7+8=\square$

➡ 같은 수에 1씩 커지는 수를 더하면 합은 □씩 커집니다.

2 계산 결과가 큰 것부터 차례로 기호를 써 보세요.

㉠ $8+5$	㉡ $7+9$
㉢ $7+7$	㉣ $8+7$

( )

3 1부터 9까지의 수 중에서 □ 안에 들어갈 수 있는 수는 모두 몇 개인가요?

$\square+6<7+5$

( )

4 선우와 시은이는 화살을 두 번씩 쏘았습니다. 선우가 쏜 화살은 8과 6에 꽂혔고, 시은이가 쏜 화살은 5와 9에 꽂혔습니다. 화살이 꽂힌 숫자를 점수로 계산하면 누가 더 많은 점수를 얻었나요?

( )

5 이 있는 칸에 들어갈 수와 차가 같은 뺄셈식 2개를 표에서 찾아 써 보세요.

12−5 7	12−6 6	12−7 5
13−5 8		13−7 6
14−5 9	14−6 8	14−7 7

식 ______________________

식 ______________________

6 4장의 수 카드로 뺄셈식을 만들었을 때 차가 가장 큰 뺄셈식을 쓰고 계산해 보세요.

15

식 ______________________ 답 ______________

7 다음 조건을 만족하는 ■, ▲, ● 중 가장 큰 수와 가장 작은 수의 차를 구해 보세요.

5 + 7 = ■

■ − 4 = ▲

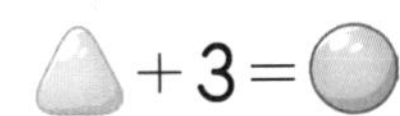

( )

초·중·고 수학 개념연결 지도

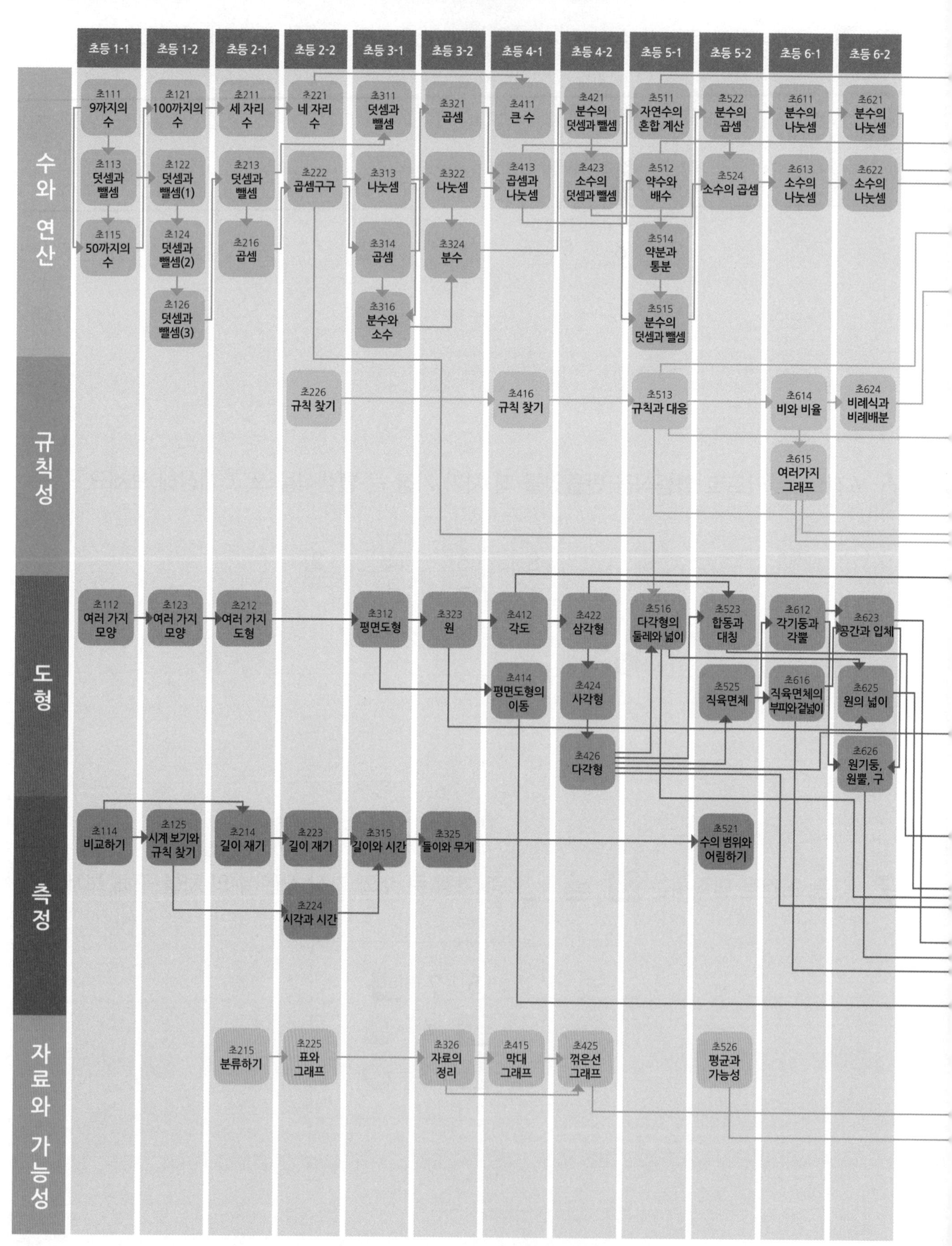

QR코드를 스캔하면
'수학 개념연결 지도'를 내려받을 수 있습니다.
https://blog.naver.com/viabook/222160461455

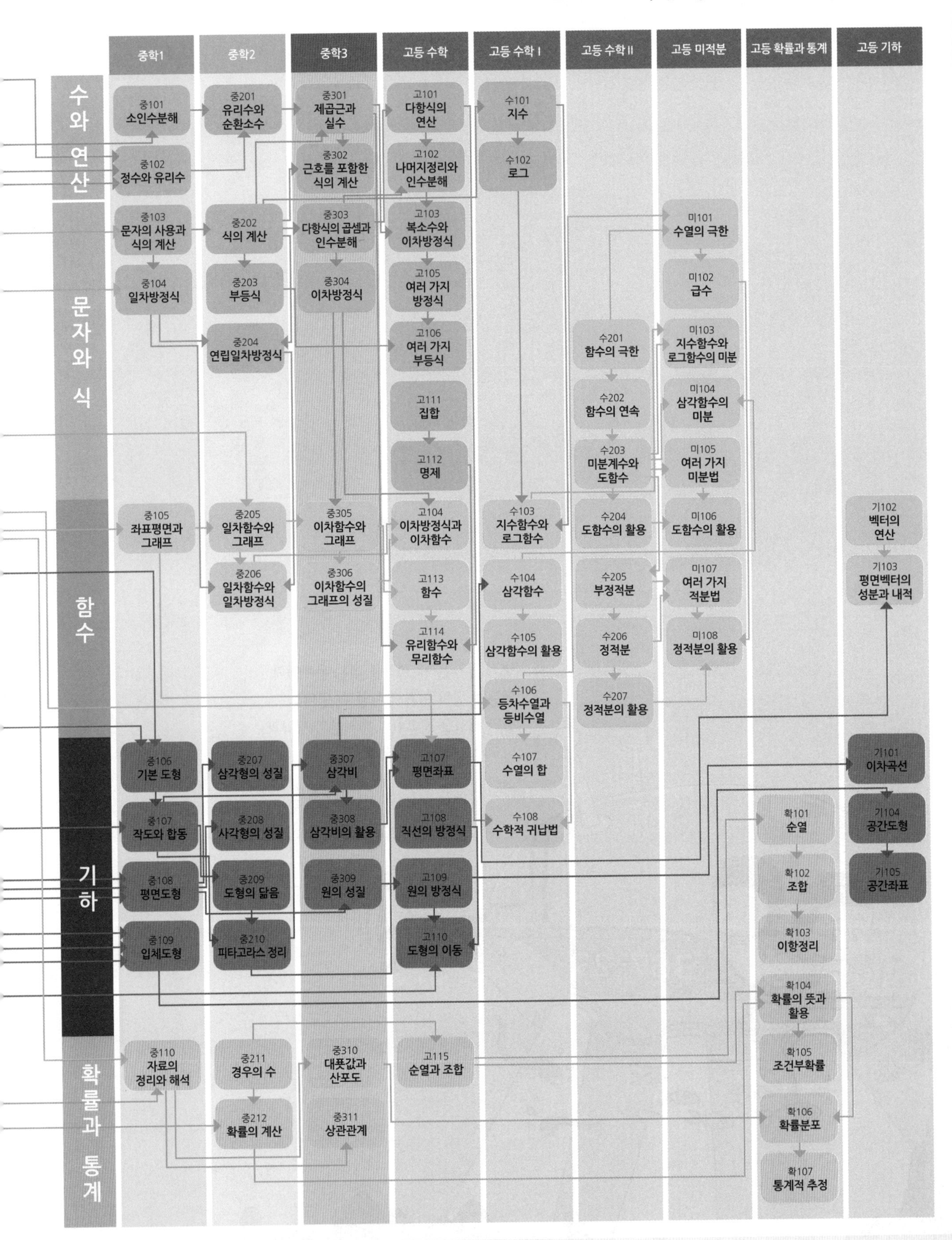

'생각 열기'는 내 생각을 쓰는 문제이기 때문에 답이 여러 가지일 수 있어요. 답과 해설을 참고하여 여러분의 생각과 비교하고 수정해 보세요.
367-25
263

초등 1-2

정답과 해설

기억하기

12~13쪽

1 10 / 십, 열

2 (위에서부터) 12, 16, 17, 19 / 십삼, 십사, 십칠 / 열넷, 열다섯, 열여덟

3 일곱, 삼십, 십이, 일, 사, 삼십팔에 ○표

4 (1) 23에 ○표
(2) 49에 ○표
(3) 35에 ○표

생각열기 ❶

14~15쪽

1 (1) 예 – 50개에 3개가 더 있습니다.
– 10개씩 5묶음과 3개가 있습니다.
– 53개
(2) 예 – 2개씩 묶어 세었습니다.
– 5개씩 묶어 세었습니다.
(3) 예 – 10개씩 묶고, 남은 개수를 셉니다.
– 5개씩 묶은 것을 2묶음에 10씩 세고, 남은 개수를 셉니다.

2 (1) 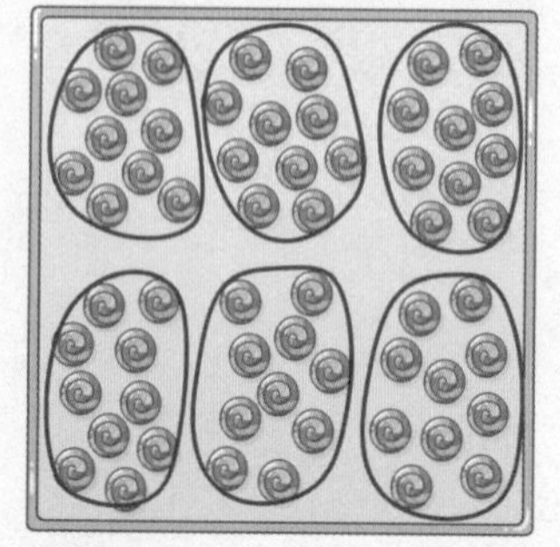 / 6묶음
(2) 60개

3 (1) 5판
(2) 7판
(3) 예 – 72개
– 달걀 7판과 2개

선생님의 참견

50보다 작은 수를 세었던 방법을 연결하여 50보다 큰 수를 세어 보세요. 그 과정에서 놓인 자리에 따라 수의 크기가 다름을 깨닫고 수 세기의 규칙을 탐구해 보세요. 또한 수를 읽고 쓰는 방법을 익혀 보세요.

개념활용 ❶-1

16~17쪽

1 (1) 8
(2) 6
(3) 8, 6

2 (1) 7
(2) 0
(3) 7, 0

3 98, 50, 70, 82

4

55	89

개념활용 ❶-2

18~19쪽

1 (1) 삼십, 사십
규칙 10개씩 묶음의 수가 1씩 커집니다.
(2) 60, 70, 80, 90 / 육십, 칠십, 팔십, 구십

2 84, 85, 86
수를 읽는 규칙
수를 10개씩 묶고 10개씩 묶음의 수와 낱개의 수를 셉니다. 몇십몇이라고 읽습니다.
10개씩 묶음의 수를 앞에, 묶이지 않는 낱개의 수를 뒤에 읽습니다.

3 (1) 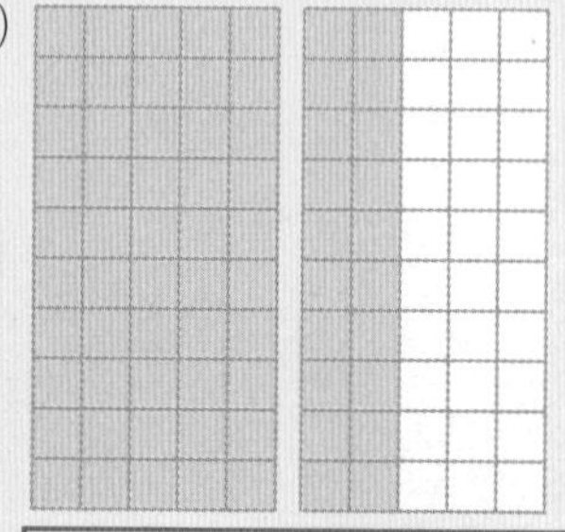

쉰	예순	일흔	여든	아흔
하나	셋	다섯	일곱	아홉

(2)

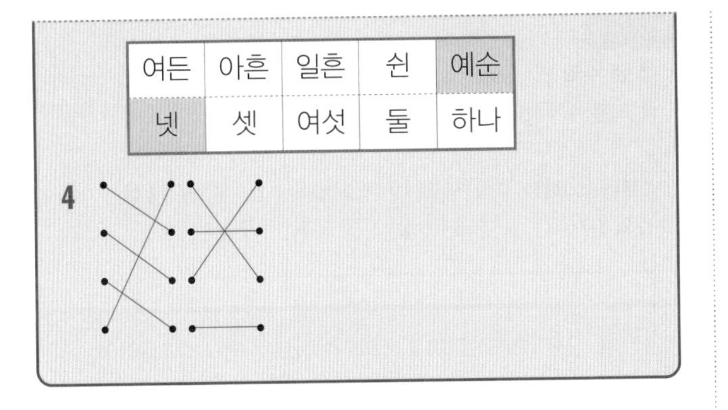

여든	아흔	일흔	쉰	예순
넷	셋	여섯	둘	하나

4

생각열기 ❷

20~21쪽

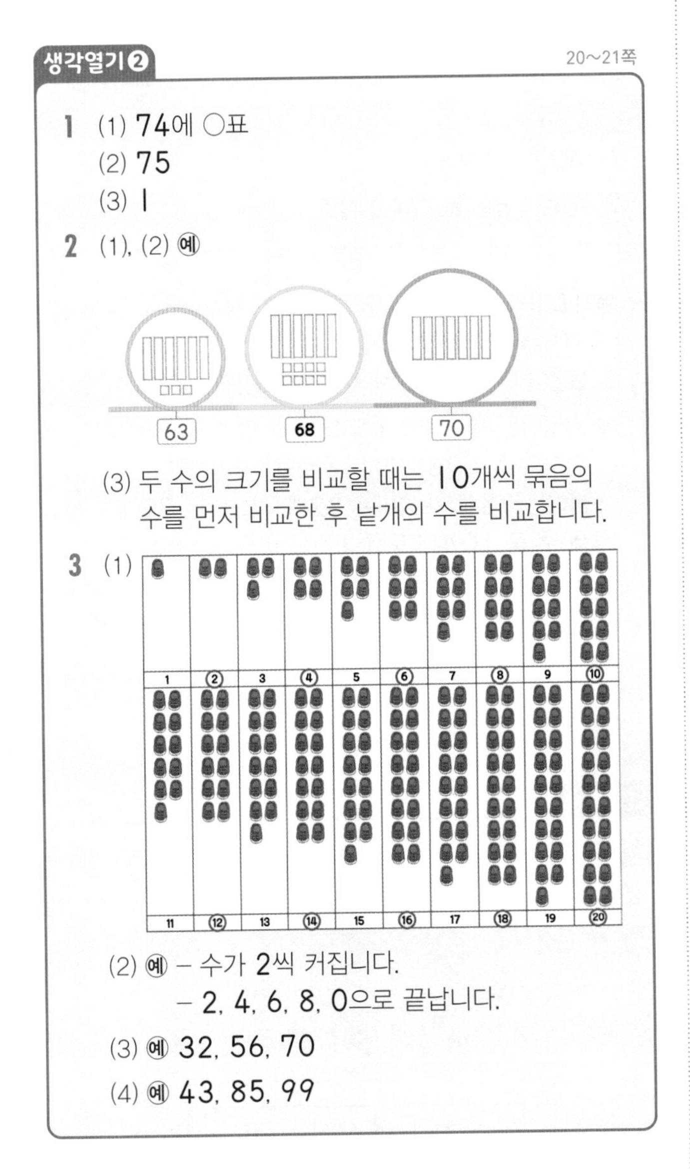

1 (1) 74에 ○표
(2) 75
(3) 1

2 (1), (2) 예

(3) 두 수의 크기를 비교할 때는 10개씩 묶음의 수를 먼저 비교한 후 낱개의 수를 비교합니다.

3 (1)

(2) 예 – 수가 2씩 커집니다.
– 2, 4, 6, 8, 0으로 끝납니다.

(3) 예 32, 56, 70

(4) 예 43, 85, 99

3 (3) 낱개의 수가 2, 4, 6, 8, 0인 수는 모두 가능합니다. 10개씩 묶음은 항상 2로 묶이므로 낱개의 수를 살펴 봅니다.

(4) 낱개의 수가 1, 3, 5, 7, 9로 끝나는 수는 둘씩 짝을 지을 수 없습니다.

선생님의 참견

100까지의 수에서 1 작은 수와 1 큰 수의 특징을 살펴 수의 크기를 비교하는 원리를 발견해 보세요. 그리고 수를 둘씩 묶어 보며 둘씩 짝 지을 수 있는 수와 둘씩 짝 지을 수 없는 수로 나눠 보세요.

개념활용 ❷-1

22~23쪽

1 (1) 35, 37에 ○표
(2) 59, 61에 △표
(3) 예 낱개의 수가 1 작아지거나 1 커집니다.
작아질 낱개의 수가 없을 때는(낱개의 수가 0일 때), 10개씩 묶음의 수가 1 작아지고 낱개의 수는 9가 됩니다.

2 (1) 10
(2) 10개씩 묶음의 수는 1이고 묶고 남은 수가 없으므로 낱개의 수는 0입니다.
(3) 100

3 (1), (2)

1	2	3	4	5	6	7	8	9	
11	12	13	14	15	16	17	18	19	
21	22	23	24	25	26	27	28	29	30
31	32	33	34	35	36	37	38	39	40
41	42	43	44	45	46	47	48	49	50
51	52	53	54	55	56	57	58	59	
61	62	63	64	65	66	67	68	69	70
71	72	73	74	75	76	77	78	79	80
81	82	83	84	85	86	87	88	89	90
91	92	93	94	95	96	97	98	99	100

(3) 10개씩 묶음의 수가 1 작아지거나 1 커집니다.

개념활용 ❷-2

24~25쪽

1 (1) 59 /

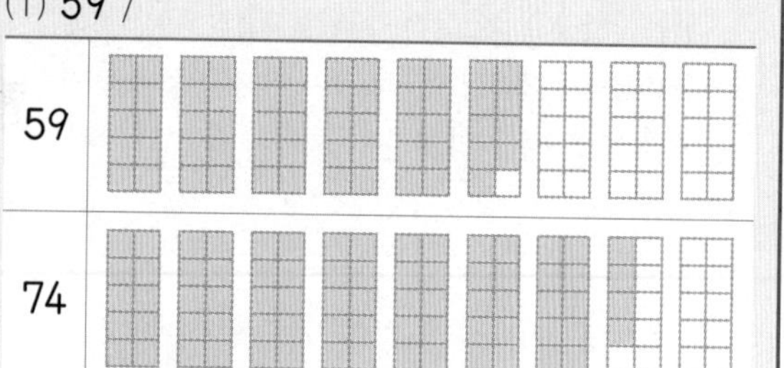

(2) 더 큰 수를 구하는 방법

10개씩 묶음의 수가 더 큰 수를 구합니다.
10개씩 묶음의 수가 같을 때는 낱개의 수가 더 큰 수를 찾습니다.

더 작은 수를 구하는 방법

10개씩 묶음의 수가 더 작은 수를 구합니다.
10개씩 묶음의 수가 같을 때는 낱개의 수가 더 작은 수를 구합니다.

2 (1) 해설 참조

(2)

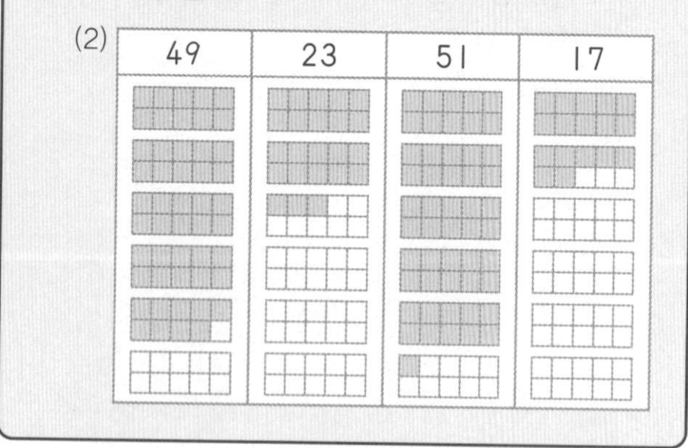

2 (1) 예 23 < 49, 82 > 60,

51 = 51

이 외에도 10개씩 묶음의 수가 더 큰 수와 더 작은 수를 비교할 수 있습니다.

표현하기

26~27쪽

스스로 정리

1 예 – 10개씩 묶음이 9개, 낱개가 7개인 수
– 아흔일곱
– 100보다 3 작은 수

2 (1) < / 10개씩 묶음의 수를 비교하면 6<8이므로 69<81입니다.

(2) > / 10개씩 묶음의 수가 7로 같으므로 낱개의 수를 비교합니다. 낱개의 수를 비교하면 4>1이므로 74>71입니다.

개념 연결

1 큰 수와 1 작은 수	2, 4
1부터 20까지 수의 순서	(왼쪽에서부터) 3, 4, 6, 8, 9, 10, 13, 14, 15, 16, 19

1 예 39는 40보다 1 작은 수이므로 39<40이야.
41은 40보다 1 큰 수이므로 41>40이지.
정리하면 39<40이고 40<41이므로 39<41이지.

선생님 놀이

1 42명 / 해설 참조
2 여름, 가을, 봄 / 해설 참조

1 예 10명씩 묶으면 4묶음이고 2명이 남습니다.
10명씩 4묶음은 40입니다.
2명이 더 있으므로 학생은 모두 42명입니다.

2 예 가을이는 봄이보다 1개 더 많이 캤으므로 가을이가 캔 감자의 수는 78보다 1 큰 수인 79입니다.
봄이는 78개, 여름이는 82개, 가을이는 79개를 캤고 세 수 중 10개씩 묶음의 수를 비교하면 8이 7보다 크므로 여름이가 가장 많이 캤습니다.
그러므로 감자를 많이 캔 순서대로 이름을 쓰면 여름, 가을, 봄입니다.

단원평가 기본

28~29쪽

1 (1)

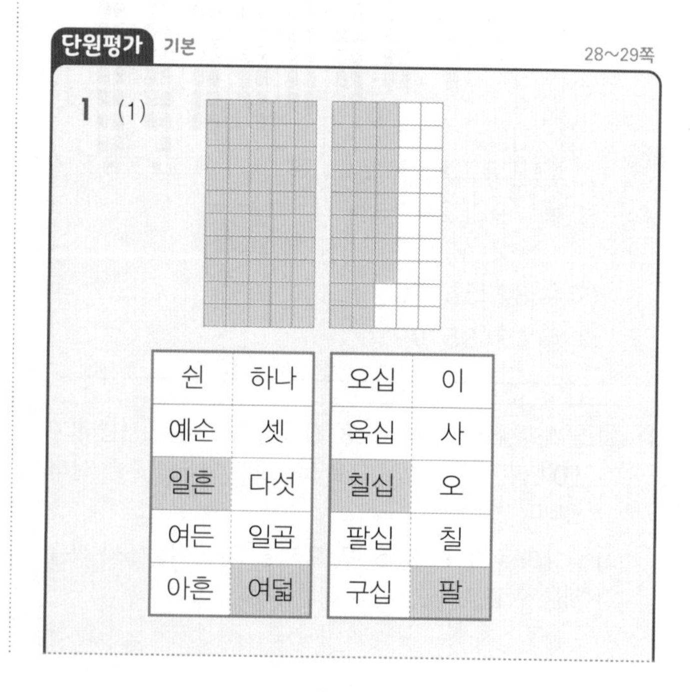

쉰	하나
예순	셋
일흔	다섯
여든	일곱
아흔	여덟

오십	이
육십	사
칠십	오
팔십	칠
구십	팔

(2)

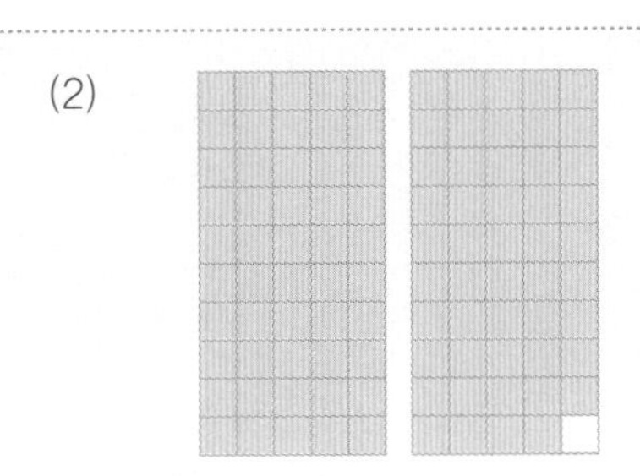

쉰	하나	오십	이
예순	셋	육십	사
일흔	다섯	칠십	오
여든	일곱	팔십	칠
아흔	아홉	구십	구

2 (1)

(2) 9 1 > 9 0

(3) 7 3 = 7 3

(4) 6 2 > 6 1 > 6 0

3 (1) 18
(2) 59
(3) 34
(4) 99

4 (1) 40
(2) 77
(3) 88
(4) 100

5 ②, ⑤

6 (1) (왼쪽에서부터) 60, 64, 67

(2)

짝수	읽기
58	오십팔
	쉰여덟
60	육십
	예순
62	육십이
	예순둘
64	육십사
	예순넷
66	육십육
	예순여섯

단원평가 심화 30~31쪽

1 79, 83, 86, 91

2 (1), (2)

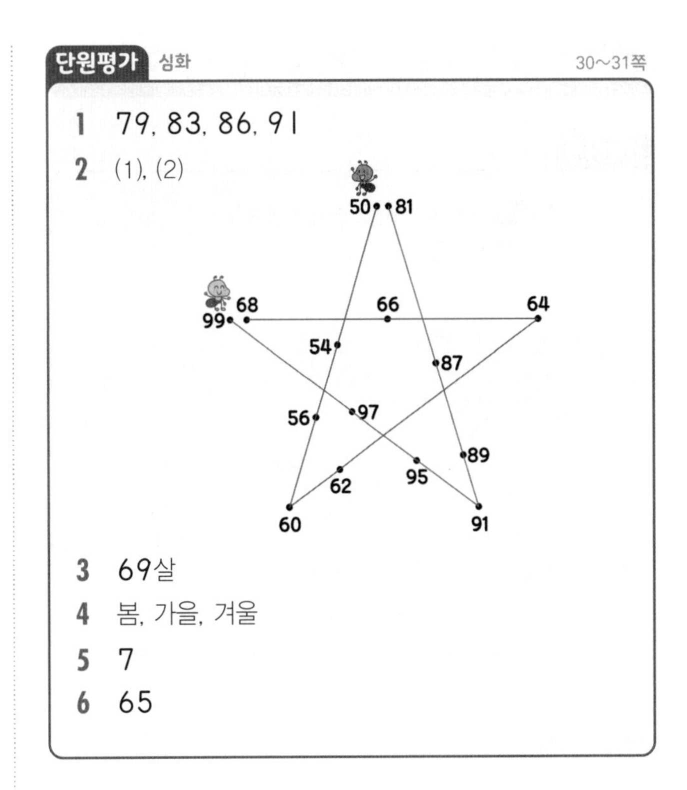

3 69살

4 봄, 가을, 겨울

5 7

6 65

1 10개씩 묶음의 수가 작을수록 작은 수입니다. 10개씩 묶음의 수가 같을 경우, 낱개의 수를 비교합니다. 수를 작은 순서대로 쓰면 $79<83<86<91$입니다.

3 68보다 크고 71보다 작은 수는 69와 70입니다. 그중 69는 홀수, 70은 짝수이므로 나무의 나이는 69살입니다.

4 봄이는 54층, 여름이는 59층, 가을이는 62층, 겨울이는 50층에 있습니다.
짝수는 둘로 짝 지어지는 수이므로 낱개의 수가 짝 지어지는 수를 찾으면 54, 62, 50입니다.

5 76보다 크고 10개씩 묶음의 수가 7인 수는 77, 78, 79입니다.
68보다 작고 10개씩 묶음의 수가 6인 수는 60, 61, 62, 63, 64, 65, 66, 67입니다.
빈칸에 공통으로 들어가는 수는 7입니다.

6 수 카드를 수가 작은 순서대로 나열하면 5, 6, 9입니다. 가장 작은 수를 만들려면 앞에서부터 차례로 작은 수를 놓으면 됩니다. 따라서 만들 수 있는 가장 작은 수부터 차례대로 구하면 56, 59, 65…입니다. 세 번째로 가장 작은 수는 65입니다.

2단원 덧셈과 뺄셈 (1)

기억하기
34~35쪽

1 (1) 덧셈식 3+4=7 또는 4+3=7
(2) 뺄셈식 8−2=6

2 (1) 4　(2) 9
(3) 6　(4) 4
(5) 2　(6) 2

3

10개씩 묶음	낱개
7	3

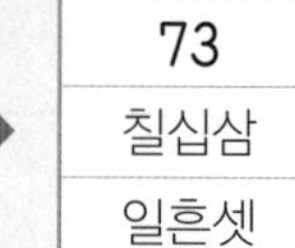

73
칠십삼
일흔셋

4 (1) 44에 ○표, 22에 △표
(2) 85에 ○표, 54에 △표

생각열기 ①
36~37쪽

1 (1) 27마리 / 해설 참조
(2) 위의 문제에서 사용한 방법을 제외한 다른 방법이 있다면 자유롭게 써 봅니다.

2 (1) 12마리
(2) 11마리
(3) 23마리 / 해설 참조
(4) 위의 문제에서 사용한 방법을 제외한 다른 방법이 있다면 자유롭게 써 봅니다.

1 (1) 예 − 12에 15를 더하면 10+10=20, 2+5=7이므로 20+7=27입니다.
− 12에 10을 더하면 22이고, 22에 5를 더하면 27입니다.
− 15에서 12번을 1씩 이어 세면 27입니다.
− 그림을 그려서 모두 더했더니 27입니다.
−

	1	2
+	1	5
	2	7

2 (3) 예 − 12에 11을 더하면 10+10=20, 2+1=3이므로 20+3=23입니다.
− 12에 10을 더하면 22이고, 22에 1을 더하면 23입니다.
− 12에서 11번을 1씩 이어 세면 23입니다.
− 그림을 그려서 모두 더했더니 23입니다.
−

	1	2
+	1	1
	2	3

선생님의 참견

일상의 상황을 보고 덧셈을 알아차려야 해요. 이어서 세거나 그림을 그리는 등 다양한 방법을 궁리해 보세요.

개념활용 ❶-1
38~41쪽

1 (1)

○	○	○	○	○
○	○	○	○	○

○	○	○	△	△
△	△	△		

(2) 덧셈식 13+5=18

2 (1) 15, 17, 19
(2) 12, 7, 19

3 덧셈식 23+11=34

4 (1) 50마리
(2) 흰 양

○	○	○	○	○
○	○	○	○	○

○	○	○	○	○
○	○	○	○	○

○	○	○	○	○
○	○	○	○	○

검은 양

△	△	△	△	△
△	△	△	△	△

△	△	△	△	△
△	△	△	△	△

(3) 덧셈식 30+20=50

5 (1) 57송이 / 해설 참조
(2) 덧셈식 35+22=57

5 (1) 예 이어 세기 이어서 세면 57송이입니다.
그림 그리기

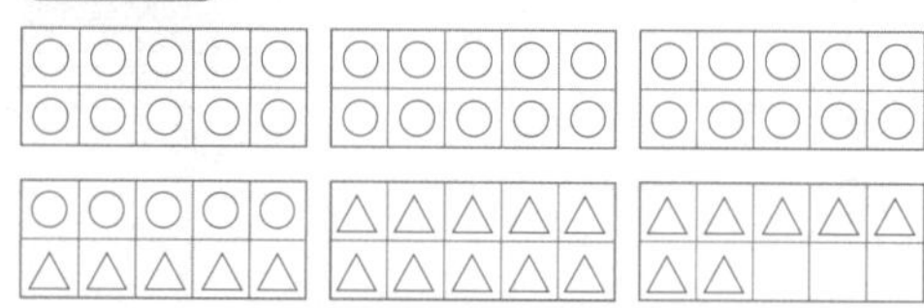

꽃은 모두 57송이입니다.

개념활용 ❶-2 42~43쪽

1 (1) 50
(2) 5 / 해설 참조
2 57 / 7, 5, 7 / 해설 참조
3 (1) 70 (2) 45 (3) 85
4 (1) 19 (2) 70 (3) 77

1 (2) 낱개의 수끼리 더하면 0+0=0이고, 10개씩 묶음의 수끼리 더하면 3+2=5입니다. 실제로는 30+20=50입니다.

2 낱개의 수끼리 더하면 5+2=7이고, 10개씩 묶음의 수끼리 더하면 3+2=5입니다. 실제로는 30+20=50입니다. 따라서 35+22=57입니다.

생각열기❷ 44~45쪽

1 (1) 47마리
(2) 12마리
(3) 해설 참조
2 (1) 35마리
(2) 22마리
(3) 해설 참조
(4) 13마리 더 많습니다.

1 (3) 예 – 47에서 12를 빼면 40−10=30, 7−2=5이므로 30+5=35입니다.
– 47에서 10을 빼면 37이고 37에서 2를 빼면 35입니다.
– 47과 12를 비교해서 47이 얼마 더 큰지 알아보면 되므로 35입니다.
– 47개를 그리고 12개를 지웠더니 35입니다.
–
$$\begin{array}{r} 47 \\ -\ 12 \\ \hline 35 \end{array}$$

2 (3) 예 – 35에서 22를 빼면 30−20=10, 5−2=3이므로 10+3=13입니다.
– 35에서 20을 빼면 15이고, 15에서 2를 빼면 13입니다.
– 35와 22를 비교해서 35가 얼마 더 큰지 알아보면 되므로 13입니다.
– 35개를 그리고 22개를 지웠더니 13입니다.
–
$$\begin{array}{r} 35 \\ -\ 22 \\ \hline 13 \end{array}$$

선생님의 참견
일상의 상황을 보고 뺄셈을 알아차려야 해요. 지워서 빼거나 그림을 그리는 등 다양한 방법을 궁리해 보세요.

개념활용 ❷-1 46~49쪽

1 (1)
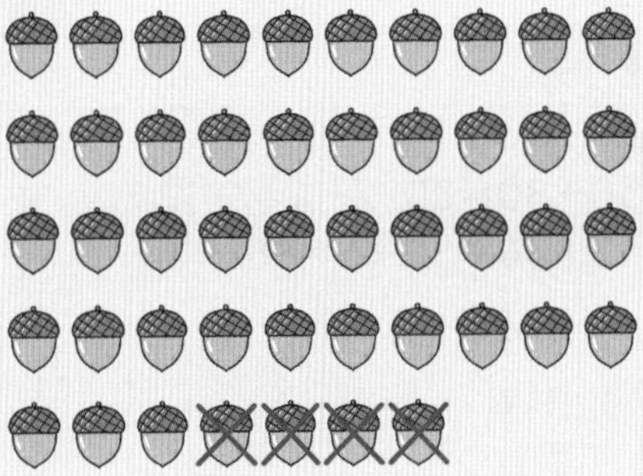
(2) 43개
(3) 47, 4, 43
2 뺄셈식 37−14=23
3 (1)
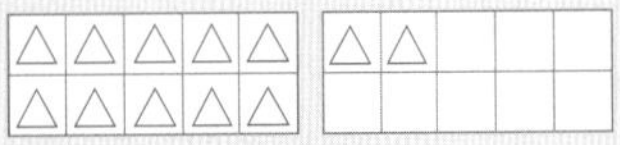
(2) 13개 더 많습니다.
(3) 뺄셈식 25−12=13
4 (1)
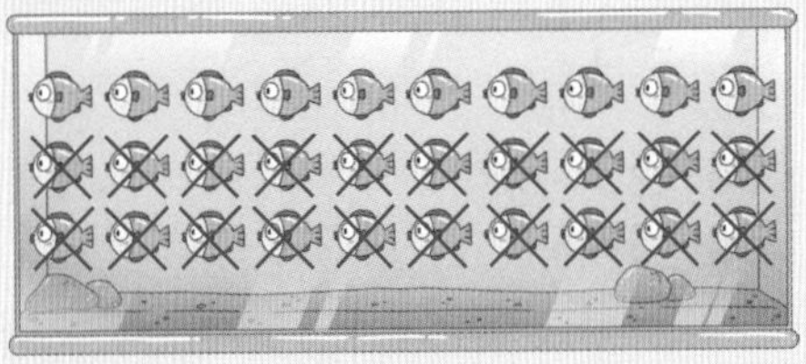
(2) 뺄셈식 30−20=10
(3) 10마리
5 (1) 불가사리
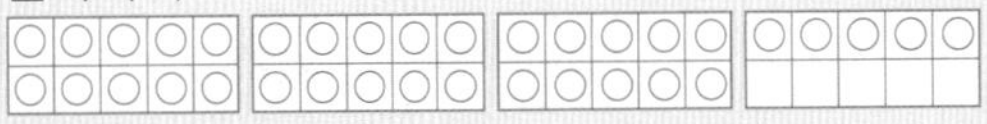
새우
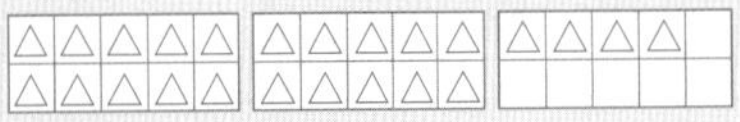
(2) 뺄셈식 35−24=11
불가사리, 새우, 11

개념활용 ❷-2 50~51쪽

1 (1) 10
(2) 1 / 해설 참조
2 11 / 1, 1, 1 / 해설 참조
3 (1) 50 (2) 3 (3) 21
4 (1) 21 (2) 10 (3) 23

1 (2) 낱개의 수끼리 빼면 $0-0=0$이고, 10개씩 묶음의 수끼리 빼면 $3-2=1$입니다. 실제로는 $30-20=10$입니다.

2 낱개의 수끼리 빼면 $5-4=1$이고, 10개씩 묶음의 수끼리 빼면 $3-2=1$입니다. 실제로는 $30-20=10$입니다. 따라서 $35-24=11$입니다.

표현하기 52~53쪽

스스로 정리

1 • $50+30=80$, $2+4=6$이므로
$52+34=80+6=86$입니다.

•
$$\begin{array}{r} 5\ 2 \\ +\ 3\ 4 \\ \hline 8\ 6 \end{array}$$

• $52+30=82$
$82+4=86$

2 • $76-5=71$이고
$71-20=51$입니다.

•
$$\begin{array}{r} 7\ 6 \\ -\ 2\ 5 \\ \hline 5\ 1 \end{array}$$

• $76-20=56$
$56-5=51$

개념 연결

덧셈과 뺄셈 (1) 9 (2) 5

몇십몇

10개씩 묶음	낱개
4	3

➡ 43 / 사십삼 / 마흔셋

1 몇십은 몇십끼리 몇은 몇끼리 나눠서 더하는 거야. 덧셈은 모두 9까지의 수 덧셈과 같은 방법으로 하면 돼.

2 몇십은 몇십끼리 몇은 몇끼리 나눠서 빼는 거야. 뺄셈은 모두 9까지의 뺄셈과 같은 방법으로 하면 돼.

선생님 놀이

1 68번 / 해설 참조
2 14명 / 해설 참조

1 희연이는 아침과 저녁으로 두 번 줄넘기를 했으므로 두 번의 횟수를 더하여 $25+43$을 계산하면 오늘 줄넘기를 모두 몇 번 했는지 구할 수 있습니다.

예 – 세로로 더하기

$$\begin{array}{r} 2\ 5 \\ +\ 4\ 3 \\ \hline 6\ 8 \end{array}$$

– 나눠서 더하기
$20+40=60$, $5+3=8$이므로
$25+43=60+8=68$입니다.

2 놀이터에 남아 있는 아이들은 처음에 놀이터에서 놀던 아이들의 수에서 집으로 돌아간 아이들의 수를 빼서 $27-13$으로 계산합니다.

예 – 세로로 빼기

$$\begin{array}{r} 2\ 7 \\ -\ 1\ 3 \\ \hline 1\ 4 \end{array}$$

– 나눠서 빼기
$27-3=24$이고
$24-10=14$입니다.

단원평가 기본 54~55쪽

1 27

2 90 / 50+40=90입니다.

3 65에 ○표

4 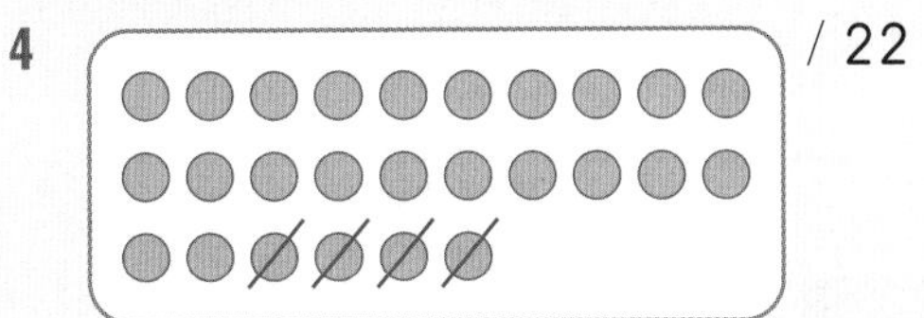 / 22

5 30 / 50−20=30입니다.

6 36에 ○표

7 (1) 38 (2) 26

8 33, 56

9 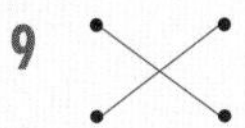

10

	7	8
−		6
	7	2

이유 예 6은 60이 아니라 낱개의 수 6이므로 78의 낱개의 수 8에서 6을 빼야 됩니다.

11 >

12 39+20 / 68−12 / 17+31 / 46−5

8 57−24=33
33+23=56

9 43−2=41
34−4=30
60−30=30
89−48=41

11 90−50=40
22+17=39

12 39+20=59 → 홀수
68−12=56 → 짝수
17+31=48 → 짝수
46−5=41 → 홀수

단원평가 심화 56~57쪽

1 덧셈식 23+55=78 또는 55+23=78
뺄셈식 55−23=32

2 (1) (위에서부터) 2, 3 (2) 3, 7

3 86, 24

4 60점

5 23개

6 27

7 64

8 (위에서부터) 25, 49

3 가장 큰 수는 55이고 가장 작은 수는 31입니다.
따라서 두 수의 합은 55+31=86,
두 수의 차는 55−31=24입니다.

4 시은이는 10점, 20점, 30점에 하나씩 맞혔으므로 점수의 합은 10+20+30=60(점)입니다.

5 봄이가 가진 초콜릿의 수는 10개, 가을이가 가진 초콜릿의 수는 10+3=13(개)입니다. 따라서 두 사람이 가진 초콜릿의 수는 10+13=23(개)입니다.

6 25+24=♣ → ♣=49
♣−□=35 → 49−□=35
49에서 어떤 수를 빼어 35가 되었으므로 어떤 수 □는 14입니다.
□+13=★ → 14+13=★, ★=27

7 만들 수 있는 몇십몇 중 가장 큰 수는 87이고, 가장 작은 수는 23입니다. 따라서 가장 큰 수와 가장 작은 수의 차는 87−23=64입니다.

8 오른쪽 칸에는 두 수의 차를 쓰고, 아래 칸에는 두 수의 합을 구하여 씁니다.
37−12=25이므로 오른쪽 칸에는 25를 쓰고,
37+12=49이므로 아래 칸에는 49를 씁니다.

기억하기

60~61쪽

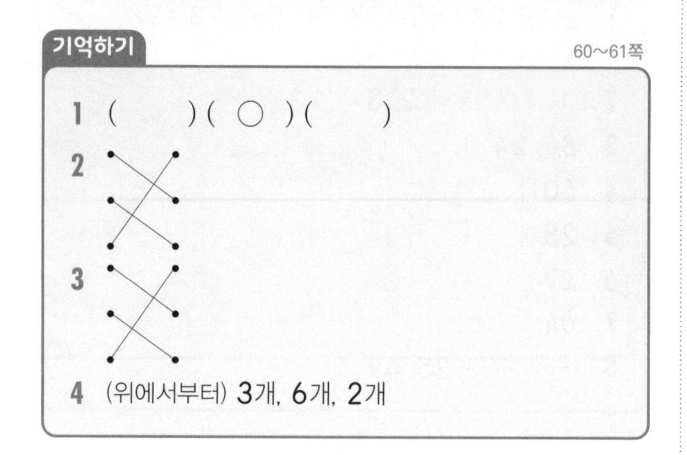

1 (   )(○)(   )

2

3

4 (위에서부터) 3개, 6개, 2개

생각열기 ❶

62~63쪽

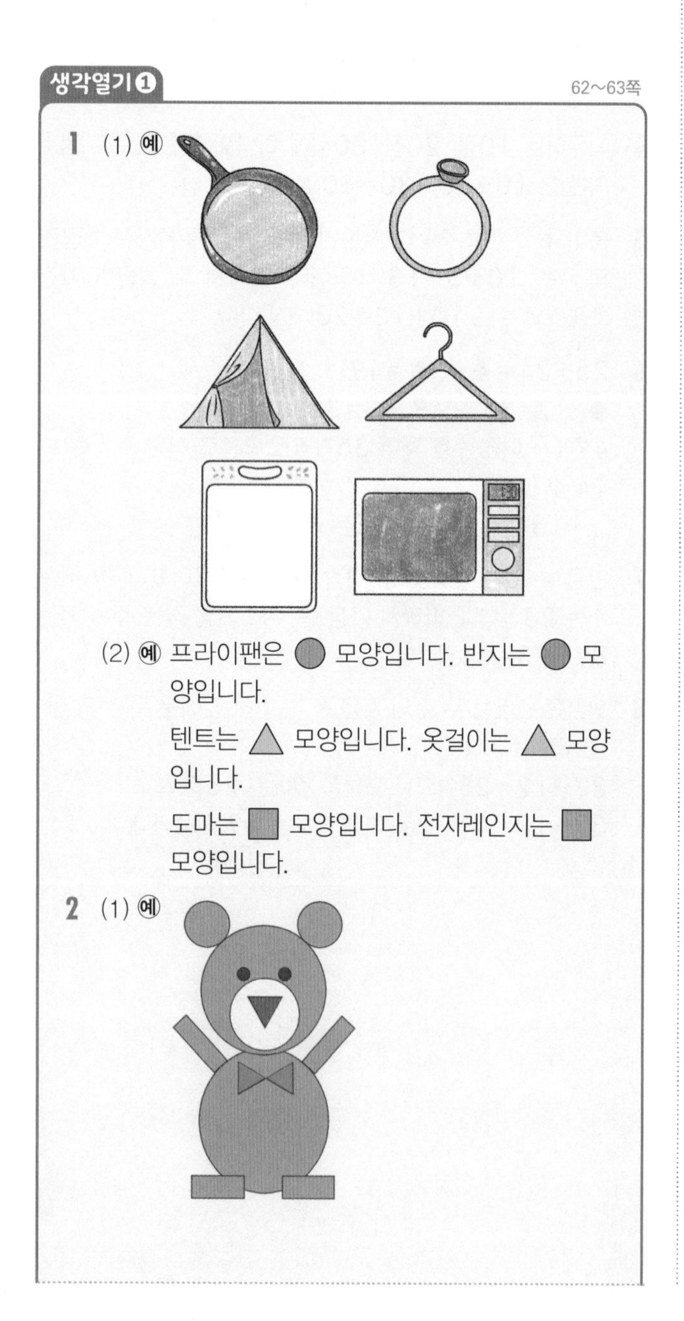

1 (1) 예

(2) 예 프라이팬은 ● 모양입니다. 반지는 ● 모양입니다.

텐트는 ▲ 모양입니다. 옷걸이는 ▲ 모양입니다.

도마는 ■ 모양입니다. 전자레인지는 ■ 모양입니다.

2 (1) 예

(2) 예 ■ 모양 4개, ▲ 모양 3개, ● 모양 7개를 이용하여 그림을 그렸습니다. ● 모양을 이용하여 얼굴을 그리고 ■ 모양을 이용하여 팔, 다리를 그렸습니다.

(3) 예 곰

선생님의 참견

집에 있는 여러 가지 물건의 모양을 그려 보세요. 그 속에 어떤 모양이 많이 보이는지 알아보고 그것을 설명해 보세요.

개념활용 ❶-1

64~65쪽

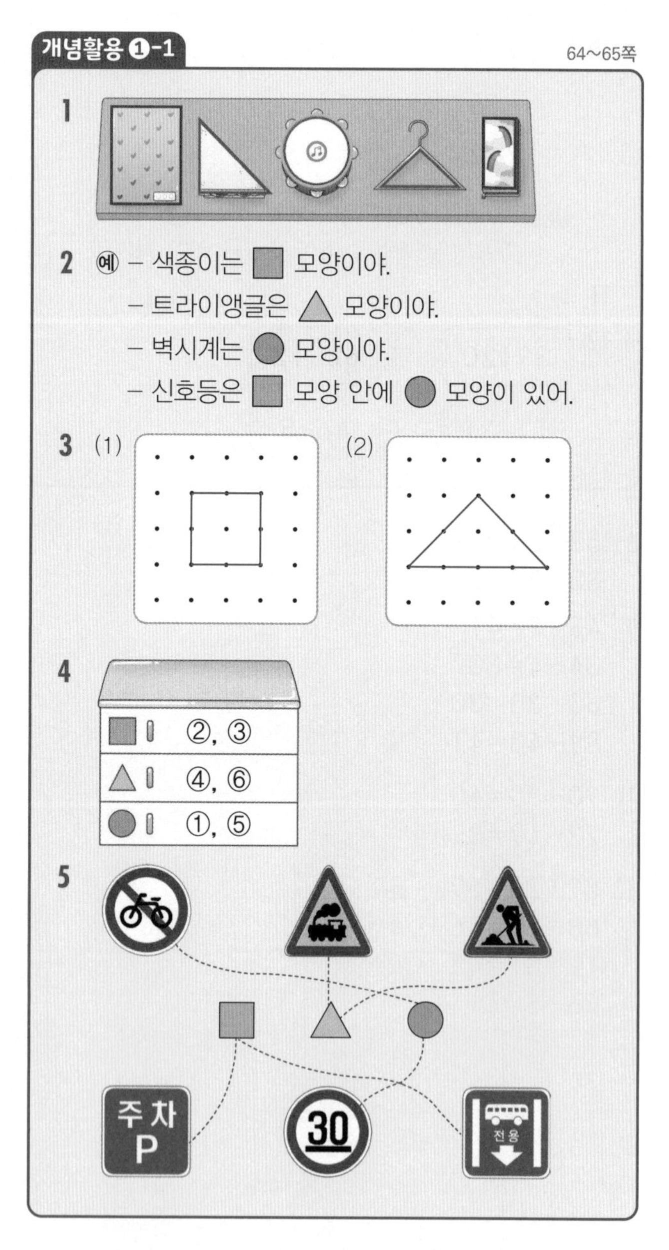

1

2 예 – 색종이는 ■ 모양이야.
– 트라이앵글은 ▲ 모양이야.
– 벽시계는 ● 모양이야.
– 신호등은 ■ 모양 안에 ● 모양이 있어.

3 (1) (2)

4

■	②, ③
▲	④, ⑥
●	①, ⑤

5

개념활용 ❶-2

66~67쪽

1

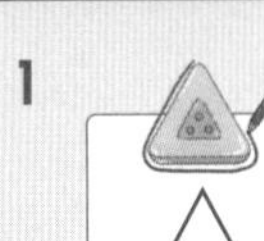
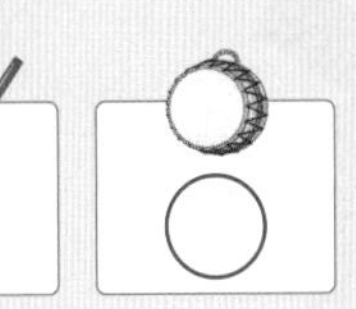

2 ■ 예 뾰족한 곳이 4군데 있습니다. 둥근 부분이 없습니다.

▲ 예 뾰족한 곳이 3군데 있습니다. 둥근 부분이 없습니다.

● 예 뾰족한 곳이 없습니다. 둥근 부분이 있습니다.

3 (위에서부터) □ / ○ / △ / ○

4 (1) 예 바퀴가 굴러가지 않을 거야.

(2) 예 굴러가기 쉽기 때문에 선반에 놓으면 안 되고 벽에 꼭 걸어 놔야 할 것 같아.

(3) 예 뾰족해서 허리가 아플 것 같아.

5

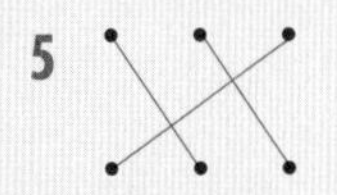

개념활용 ❶-3

68~69쪽

1 예

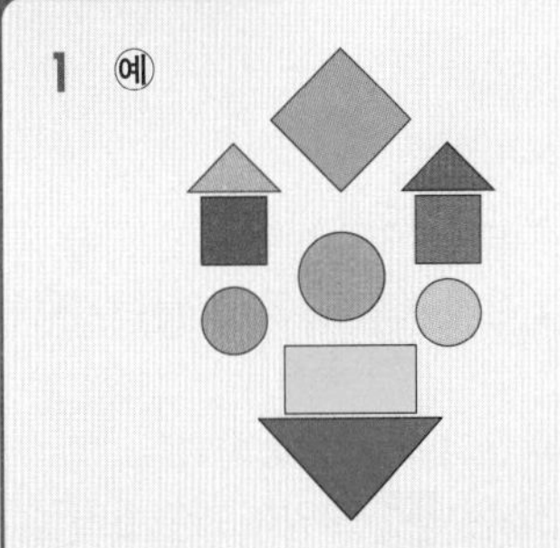

2 (1)

(2)

3 2개, 3개, 5개

4 (○) (   )

5 (1)

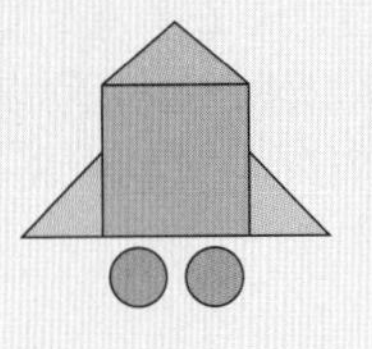

(2)

표현하기

70~71쪽

스스로 정리

■ 예 뾰족한 곳이 4군데 있습니다.

▲ 예 뾰족한 곳이 3군데 있습니다.

● 예 뾰족한 곳이 없습니다.

개념 연결

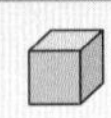

• 모서리가 뾰족합니다.
• 어느 면으로든 잘 쌓을 수 있습니다.

• 옆으로 굴릴 수 있습니다.
• 평평한 부분으로 쌓을 수 있습니다.

• 항상 잘 굴러갑니다.
• 쌓을 수 없습니다.

1 ■ 모양은 ⬜ 모양의 모든 면을 떼어 놓은 것 같아. 그래서 뾰족한 곳이 4군데 있어.

▲ 모양은 ⬜, ⬜, ● 모양 중에서는 똑같은 것은 없는 것 같아. 둥근 부분이 없다는 점에서 ⬜ 모양과 비슷한 점이 있다고 할 수 있지.

● 모양은 ⬜의 윗면이나 아랫면을 떼어 놓은 것 같아. 또 ● 모양을 어디서 보아도 ● 모양을 볼 수 있지.

선생님 놀이

1

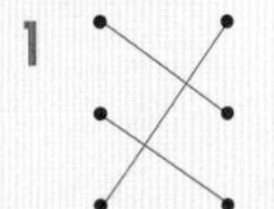

뾰족한 곳이 3군데 있는 것은 ▲ 모양입니다.

뾰족한 곳이 1군데도 없는 것은 ● 모양입니다.

뾰족한 곳이 4군데 있는 것은 ■ 모양입니다.

2 틀립니다. 해는 ▲ 모양이 없고, ●와 ■ 모양으로만 되어 있습니다.

맞습니다. 나무는 ▲, ■ 모양으로 되어 있습니다.

틀립니다. 집은 ● 모양이 없고 ■와 ▲ 모양으로만 되어 있습니다.

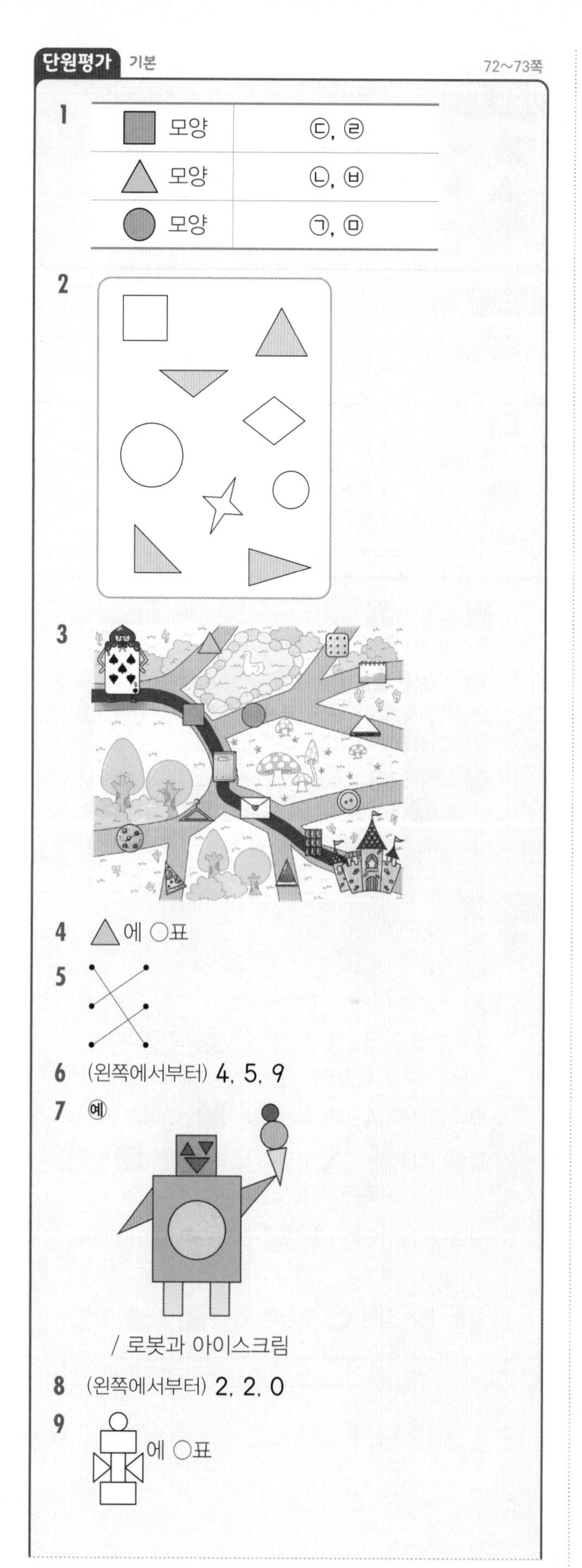

단원평가 기본 72~73쪽

1

모양	
■ 모양	㉢, ㉣
▲ 모양	㉡, ㉥
● 모양	㉠, ㉤

2

3

4 ▲에 ○표

5

6 (왼쪽에서부터) 4, 5, 9

7 예

/ 로봇과 아이스크림

8 (왼쪽에서부터) 2, 2, 0

9 에 ○표

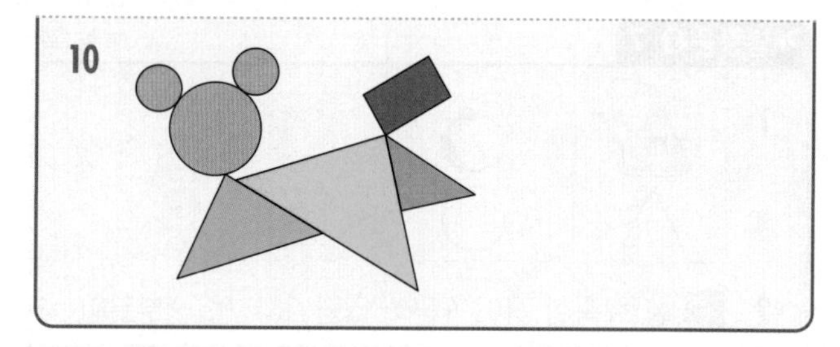

10

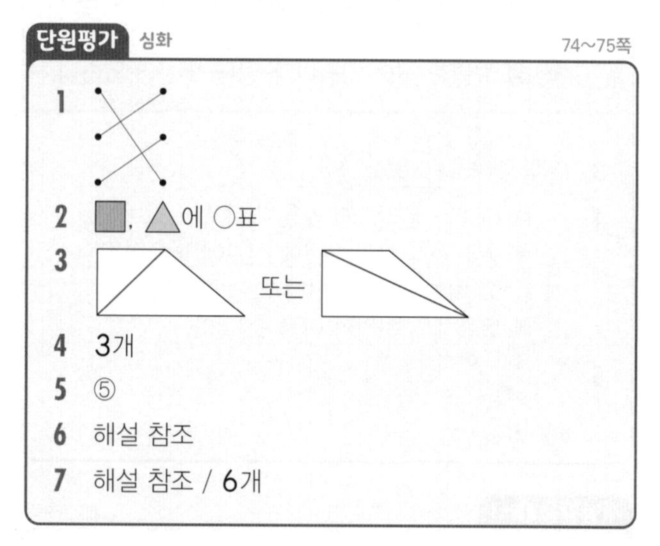

단원평가 심화 74~75쪽

1

2 ■, ▲에 ○표

3 또는

4 3개

5 ⑤

6 해설 참조

7 해설 참조 / 6개

4 1칸짜리 ■ 모양은 2개입니다.
2칸짜리 ■ 모양은 1개입니다.
따라서 크고 작은 ■ 모양은 모두 3개입니다.

5 ① ■ 모양 5개, ▲ 모양 2개, ● 모양 3개를 사용했습니다.
② ▲ 모양보다 ■ 모양을 3개 더 사용했습니다.
③ 뾰족한 부분이 4개인 모양은 ■ 모양이므로 5개입니다.
④ 잘 굴러가는 모양은 ● 모양이므로 3개를 사용했습니다.
⑤ ▲ 모양 2개, ● 모양 3개를 사용했으므로 모두 5개 사용했습니다.

6 특징 예 - ▲ 모양은 곧은 선이 3개입니다.
- ▲ 모양은 뾰족한 곳이 3군데 있습니다.
- ▲ 모양은 둥근 부분이 없습니다.
자동차 바퀴가 ▲ 모양이면 바퀴가 잘 굴러가지 않을 것 같습니다.

7 풀이 ■ 모양은 8개, ▲ 모양은 4개, ● 모양은 2개 이용하였습니다. 따라서 가장 많이 이용한 모양의 수와 가장 적게 이용한 모양의 수의 차는 $8-2=6$(개)입니다.

4단원 덧셈과 뺄셈 (2)

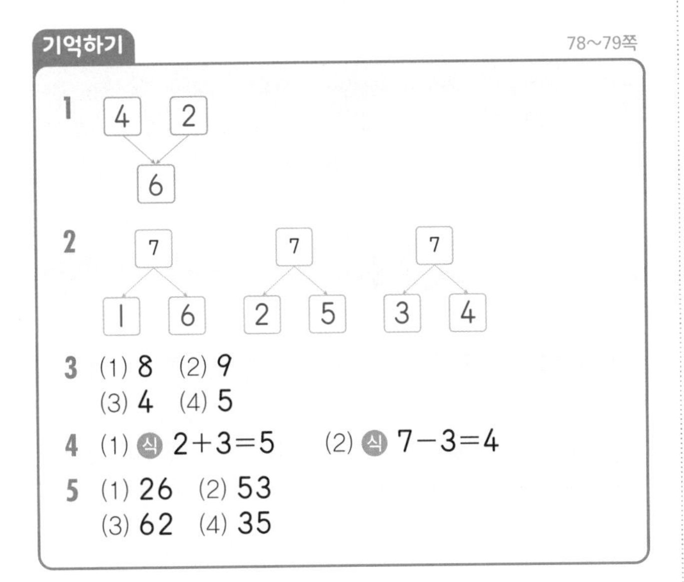

기억하기

78~79쪽

1 4, 2 → 6

2 7 → 1, 6 / 7 → 2, 5 / 7 → 3, 4

3 (1) 8 (2) 9
(3) 4 (4) 5

4 (1) 식 $2+3=5$ (2) 식 $7-3=4$

5 (1) 26 (2) 53
(3) 62 (4) 35

생각열기 ❶

80~81쪽

1 (1) $3+2+3$
(2) 해설 참조
(3)

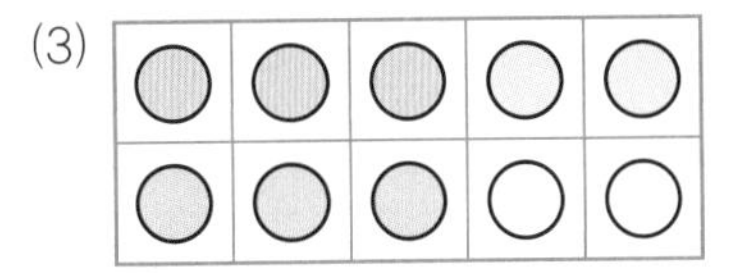

(4) 8개

2 (1) 겨울 3과 6을 더한 다음 그 결과에 4를 더합니다.
여름 3에 6과 4의 합을 더합니다.
(2) 겨울이는 차례대로 앞에서부터 더했고, 여름이는 뒤의 두 수부터 더했습니다.
(3) 방법1 3과 6을 더하면 9이므로, $3+6+4=9+4$입니다. $9+4$는 9 다음으로 4번 더 세면 되므로, 10, 11, 12, 13까지 세어서 $9+4=13$입니다.
방법2 6과 4의 합은 10이므로, 3에 6과 4의 합을 더하면 $3+10$입니다. $3+10=13$입니다.
두 수의 합이 10이 되는 경우를 먼저 계산하는 방법2가 더 편리합니다.

1 (2) 예 – $3+2$를 구하고, 구한 값을 3과 더합니다.
– 3에 2를 더하고, 그다음 3을 더합니다.

선생님의 참견

세 수의 덧셈 방법을 알아보고, 더하려는 세 수 중에서 두 수의 합이 10이 되는 수가 있다면, 그 두 수를 먼저 계산하는 방법이 편리함을 느낄 수 있어야 해요.

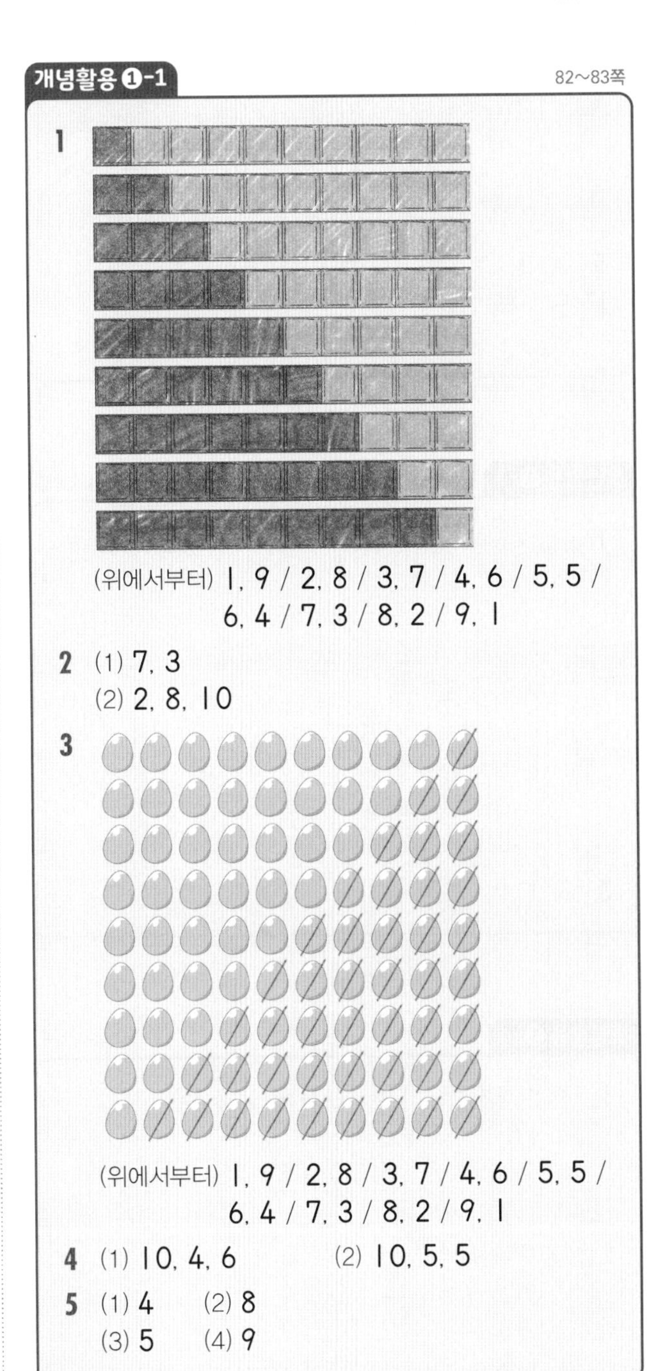

개념활용 ❶-1

82~83쪽

1 (위에서부터) 1, 9 / 2, 8 / 3, 7 / 4, 6 / 5, 5 / 6, 4 / 7, 3 / 8, 2 / 9, 1

2 (1) 7, 3
(2) 2, 8, 10

3 (위에서부터) 1, 9 / 2, 8 / 3, 7 / 4, 6 / 5, 5 / 6, 4 / 7, 3 / 8, 2 / 9, 1

4 (1) 10, 4, 6 (2) 10, 5, 5

5 (1) 4 (2) 8
(3) 5 (4) 9

개념활용 ❶-2

84~85쪽

1 (1) 11 / 11
(2) 10, 11, 12, 13 / 13

2 (1) 5, 12
(2) 4, 9, 13

3 (1) 11 / 7, 8, 9, 10, 11
(2) 11 / 10, 11

4 (1) 예
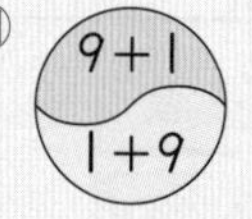

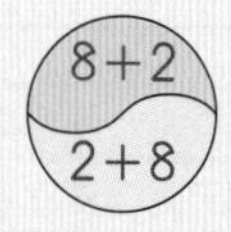

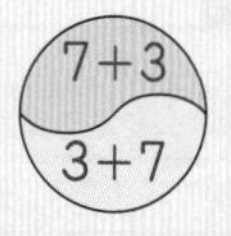

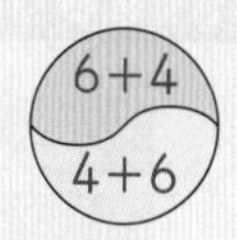

(2) 같은 수를 더한 것들은 두 수의 합이 같습니다.

5 (1) 3, 3 (2) 7, 7 (3) 12, 12

6

개념활용 ❶-3

86~87쪽

1 (1) (위에서부터) 9, 8, 9 (2) (위에서부터) 9, 3, 9
(3) 9
(4) 세 수의 덧셈은 앞에서부터 차례대로 더할 수도 있고, 뒤의 두 수를 더하고 앞의 수를 더할 수도 있습니다.

2 (1) (위에서부터) 8, 5, 8 (2) (위에서부터) 8, 5, 8
(3) (위에서부터) 7, 6, 7 (4) (위에서부터) 8, 6, 8
(5) (위에서부터) 4, 4, 9 / 9
(6) (위에서부터) 4, 4, 7 / 7

3 3, 1, 5, 9

개념활용 ❶-4

88~89쪽

1 (1) (위에서부터) 13, 10, 13 / 13
(2) 16 (3) 12
(4) (위에서부터) 15, 10, 15 / 15
(5) 12 (6) 18

2 (1) (위에서부터) 16, 10, 16
(2) (위에서부터) 14, 10, 14
(3) (위에서부터) 19, 10, 19
(4) (위에서부터) 14, 10, 14
(5) (위에서부터) 13, 10, 13
(6) (위에서부터) 16, 10, 16

3 (1) 4+6+5=15 (2) 3+7+8=18
(3) 7+6+4=17 (4) 1+2+8=11

개념활용 ❶-5

90~91쪽

1 (1) (위에서부터) 5, 2, 5 / 3, 4, 3
(2) 세 수의 빼셈을 할 때 가을이는 뒤에서부터 계산했고, 겨울이는 앞에서부터 차례로 계산했는데 그 결과가 다릅니다. 세 수의 뺄셈은 앞에서부터 차례대로 계산을 해야 합니다.

2 (1) (위에서부터) 1, 2, 1
(2) (위에서부터) 2, 4, 2
(3) (위에서부터) 4, 4, 2 / 2
(4) (위에서부터) 6, 6, 4 / 4

3 (1) 0 (2) 3
(3) 1 (4) 4

4 식 6−2−3=1 답 1개

표현하기

92~93쪽

스스로 정리

1
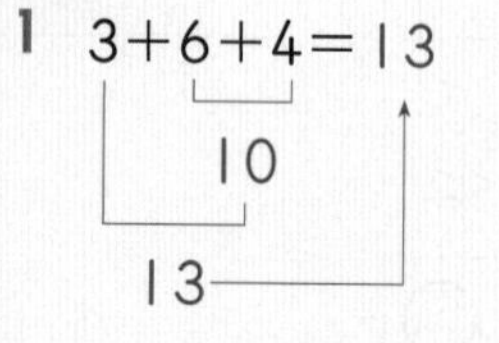

2
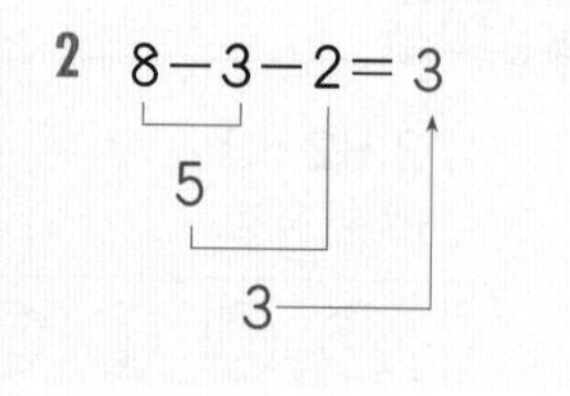

개념 연결

두 수의 덧셈 3, 4, 7

10 가르기

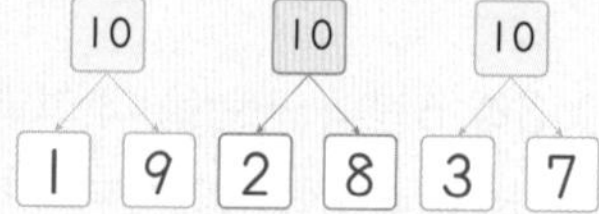

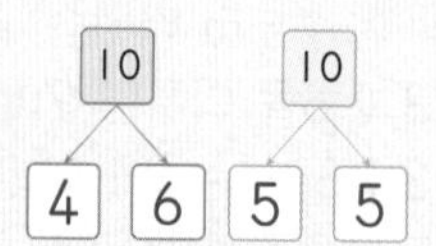

1 예 세 수를 더할 때는 두 수를 모아서 10이 되는 경우가 있으면 그것을 먼저 계산하면 편리해.
예를 들어, 5+4+6을 할 때 앞에서부터 계산하는 방법도 있지만 뒤의 두 수의 합이 10이므로 이것을 먼저 계산하는 것이 훨씬 쉬워.
5+4+6=5+10=15

선생님 놀이

1 틀립니다에 ○표 /
이어서 셀 때는 8부터 시작하는 것이 아니라 그 다음 수인 9부터 시작했어야 합니다.
9, 10, 11, 12, 이렇게 네 번 더 세면 11이 아닌 12입니다.
따라서 $8+4=12$입니다.

2 2, 15 /
10이 되려면 8에 2를 더해야 합니다.
$8+2=10$이므로 $5+8+2=5+10=15$입니다.

단원평가 기본 94~95쪽

1 (1) 8, 9, 10, 11 / 11
(2) 8, 4, 12

2 (1) 10
(2) 2
(3) 5
(4) 9

3 1, 9 / 2, 8 / 3, 7 / 4, 6 / 5, 5
6, 4 / 7, 3 / 8, 2 / 9, 1

4 (1) 7 (2) 3
(3) 4 (4) 2

5 (1) 예 식 $4+2+3=9$ 답 9
(2) 예 식 $3+1+5=9$ 답 9

6 (1) (위에서부터) 13, 10, 13
(2) (위에서부터) 15, 10, 15
(3) (위에서부터) 18, 10, 18
(4) (위에서부터) 11, 10, 11

7 (1) 11 (2) 12
(3) 13 (4) 14

8 (위에서부터) 1, 3, 1
(위에서부터) 6, 8, 6

9 (1) 5 (2) 1 (3) 0
(4) 16 (5) 11 (6) 18

10 17개

10 $4+6+7=17$

단원평가 심화 96~97쪽

1 고양이는 모두 $7+5=12$(마리) 있고, 개는 모두 $5+7=12$(마리) 있으므로, 둘의 수는 같습니다.

2

1+5	1+6	1+7	1+8	1+9
2+5	2+6	2+7	2+8	2+9
3+5	3+6	3+7	3+8	3+9
4+5	4+6	4+7	4+8	4+9
5+5	5+6	5+7	5+8	5+9

3 ㉠

4 3 / $1+9+5=15$를 만들 수 있으므로, 사용되지 않는 수 카드는 3입니다.

5 2조각 / $8-3-3=2$이므로 남아 있는 피자는 모두 2조각입니다.

6 (1) 8
(2) 5
(3) 8
(4) 0

7 6개 /
$9-6-1=2$, $9-6-2=1$, $9-2-6=1$, $9-2-1=6$, $9-1-6=2$, $9-1-2=6$으로 6개의 식을 만들 수 있습니다.

3 ㉠ $7+\boxed{3}=10$
㉡ $10-\boxed{6}=4$
㉢ $8+3=\boxed{11}$
이므로 가장 작은 수는 ㉠=3입니다.

5단원 시계 보기와 규칙 찾기

기억하기

100~101쪽

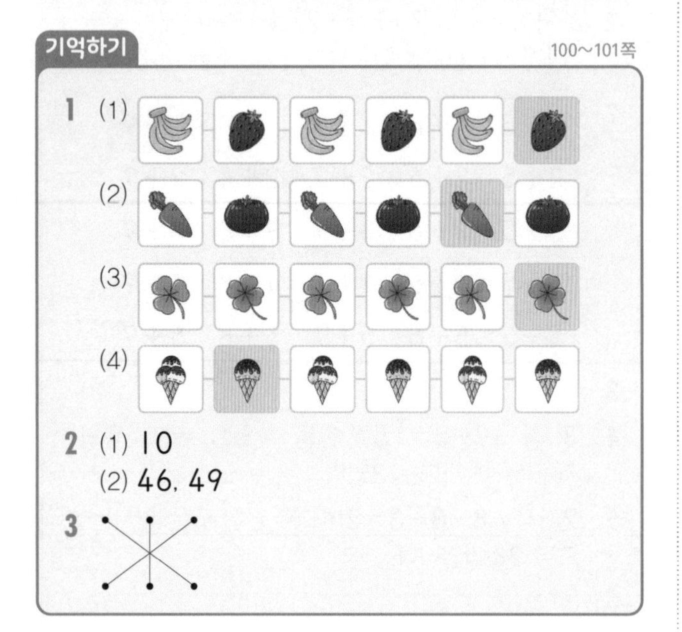

1 (1)

(2)

(3)

(4)

2 (1) 10

(2) 46, 49

3

생각열기 ①

102~103쪽

1 (1) 시계

(2) 예 – 시각을 알아보는 데 사용합니다.
– 몇 시인지 알아보는 데 사용합니다.

(3) 예 긴바늘과 짧은바늘이 가리키는 숫자를 보고 알 수 있습니다.

2 예 – 8시에 일어났다.
– 8시 반에 아침을 먹었다.
– 9시에 엄마와 운동을 했다.
– 11시에 엄마, 아빠와 마트에 갔다.
– 12시에 점심을 먹었다.
– 5시부터 텔레비전을 봤다.
– 6시에 저녁을 먹었다.
– 9시 반에 잤다.

선생님의 참견

시계를 읽을 줄 아나요? 시계를 보고 시각을 읽는 방법을 알아봐요. 일기를 쓸 때도 시각을 많이 쓰게 되지요.

개념활용 ①-1

104~105쪽

1 (1) 12

(2) 11

(3) 11시

2 (위에서부터) 1, 2, 6 / 1, 30 / 1, 30

3 (1) 4

(2) 30

(3) 4시 30분

개념활용 ①-2

106~107쪽

1 (1) 11 (2) 12

(3) 2, 30 (4) 3, 30

(5) 10 (6) 2, 30

2 (1)

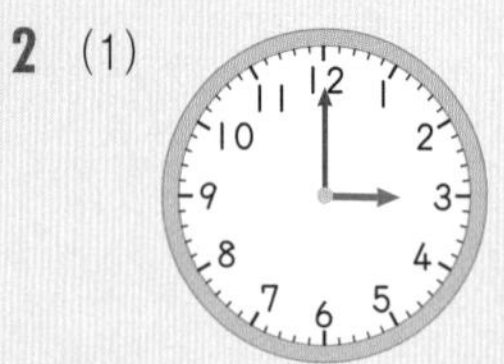

(2)

(3)

(4)

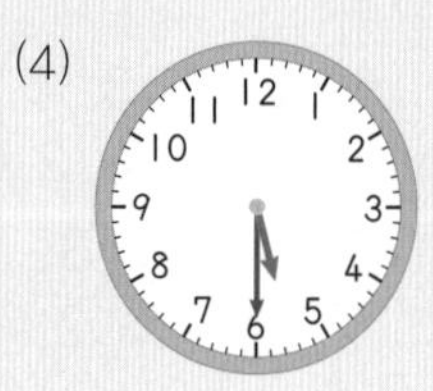

생각열기 ②

108~109쪽

1 (1) 예 – 두 가지 색이 서로 바뀌면서 반복됩니다.
– 검은색, 흰색, 검은색, 흰색으로 되어 있습니다.

(2) 예

학교 앞에 세워 놓은 푯말에 검정색과 노란색이 반복되는 규칙이 있습니다.

예

줄무늬 옷에 검정색과 빨간색이 반복되는 규칙이 있습니다.

(3) 예 ○●○●○●

흰 돌, 검은 돌을 반복하여 놓아 보았습니다.

2 (1) 예 발 구르기, 손뼉 치기, 손뼉 치기가 반복됩니다.

(2) 예 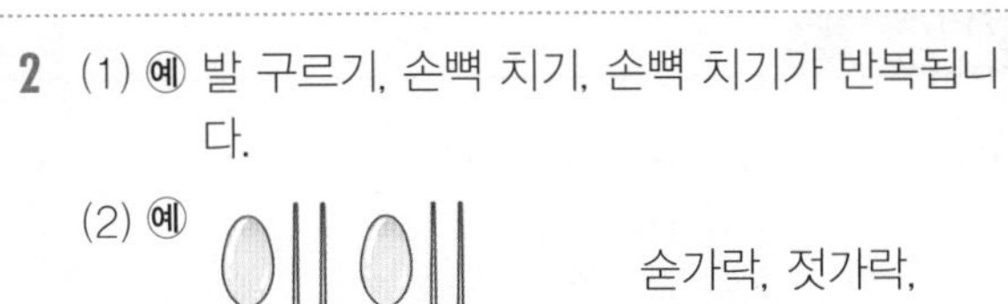

숟가락, 젓가락, 젓가락이 반복됩니다.

(3) 예 ○●●○●●○●●

흰 돌, 검은 돌, 검은 돌을 반복하여 놓아 보았습니다.

선생님의 참견

주변에 있는 여러 가지 물체나 무늬, 수 등의 배열에서 규칙을 찾아 여러 가지 방법으로 나타내어 보세요. 그리고 자신이 정한 규칙에 따라 배열해 보세요.

개념활용 ❷-1

110~111쪽

1 (1)

(2) 예 ○ 모양 쿠키와 ♡ 모양 쿠키가 반복되는 규칙입니다.

2 (1)

(2) 예 머리, 허리, 허리가 반복되는 규칙입니다.

3 (1) ○●●

(2) 예 농구공, 축구공, 축구공이 반복되는 규칙입니다. ○, ●, ●으로 그리면 됩니다.

4 (1)

펭귄	펭귄	물개	물개	펭귄	펭귄	물개	물개
△	△	○	○	△	△	○	○

(2) 예 펭귄, 펭귄, 물개, 물개가 반복되는 규칙입니다. △, △, ○, ○로 그리면 됩니다.

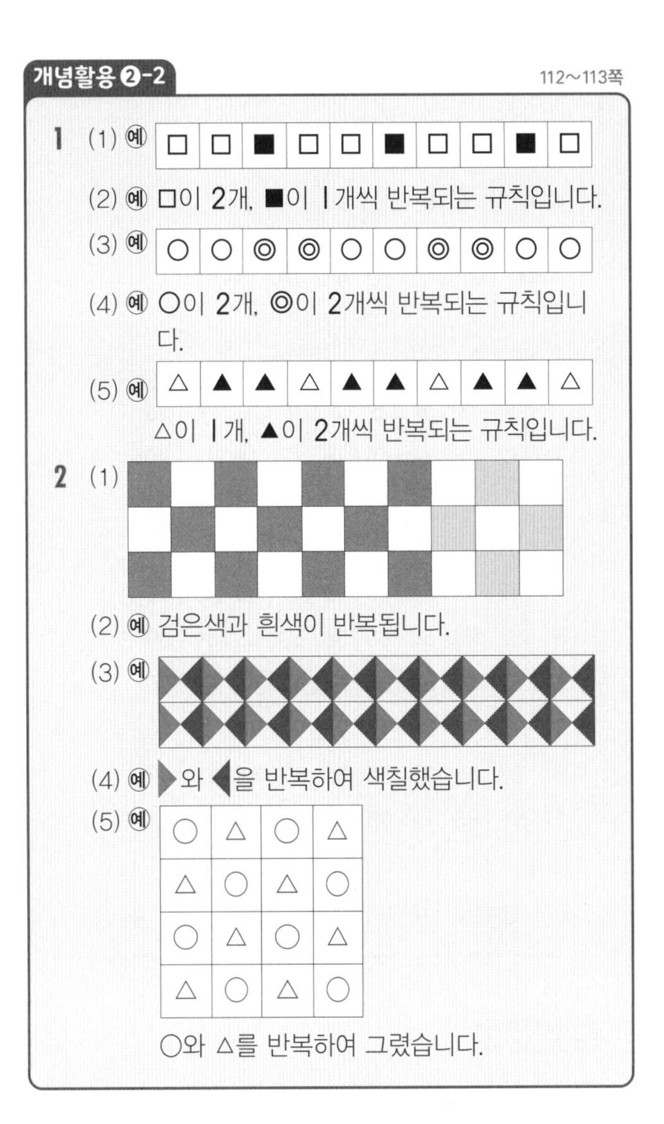

개념활용 ❷-2

112~113쪽

1 (1) 예 □ □ ■ □ □ ■ □ □ ■ □

(2) 예 □이 2개, ■이 1개씩 반복되는 규칙입니다.

(3) 예 ○ ○ ◎ ◎ ○ ○ ◎ ◎ ○ ○

(4) 예 ○이 2개, ◎이 2개씩 반복되는 규칙입니다.

(5) 예 △ ▲ ▲ △ ▲ ▲ △ ▲ ▲ △

△이 1개, ▲이 2개씩 반복되는 규칙입니다.

2 (1)

(2) 예 검은색과 흰색이 반복됩니다.

(3) 예

(4) 예 ▶와 ◀을 반복하여 색칠했습니다.

(5) 예

○	△	○	△
△	○	△	○
○	△	○	△
△	○	△	○

○와 △를 반복하여 그렸습니다.

생각열기 ❸

114~115쪽

1 (1) 1, 4, 1, 4, 1, 4
(2) 1과 4를 반복하여 놓았습니다.

2 (1) ㉰ 2, 4, 6, 8, 10
(2) ㉰ 짝수를 순서대로 놓았습니다.
(3) ㉰ 10, 20, 30, 40, 50, 60, 70
(4) ㉰ 10씩 커지는 규칙입니다.

3 (1) ㉰ (2) ㉰

1	2	3	4	5	6	7	8	9	10
11	12	13	14	15	16	17	18	19	20
21	22	23	24	25	26	27	28	29	30
31	32	33	34	35	36	37	38	39	40
41	42	43	44	45	46	47	48	49	50
51	52	53	54	55	56	57	58	59	60
61	62	63	64	65	66	67	68	69	70
71	72	73	74	75	76	77	78	79	80
81	82	83	84	85	86	87	88	89	90
91	92	93	94	95	96	97	98	99	100

(3) ㉰ (1)은 1씩 커집니다.
(2)는 10씩 커집니다.

선생님의 참견

수 배열표에서 여러 규칙을 찾고 설명해 보세요. 더하거나 빼는 규칙을 생각할 수도 있어요. 다양한 규칙을 찾아 내 보세요.

개념활용 ❸-1

116~117쪽

1 (1)

2	5	2	5	2	5	2	5	2

(2) ㉰ 2와 5가 반복됩니다.

(3)

1	1	9	1	1	9	1	1	9

(4) ㉰ 1, 1, 9가 반복됩니다.

2 (1) ㉰ 1, 1, 2, 2, 1, 1, 2, 2
(2) ㉰ 1을 두 번, 2를 두 번씩 썼습니다.

3

10	20	30	40	50	60	70	80	90

㉰ 10씩 커지는 수를 썼습니다.

4 (1)

31	32	33	34	35	36	37	38	39	40
41	42	43	44	45	46	47	48	49	50
51	52	53	54	55	56	57	58	59	60
61	62	63	64	65	66	67	68	69	70

㉰ 4씩 커지는 수입니다.

(2)

31	32	33	34	35	36	37	38	39	40
41	42	43	44	45	46	47	48	49	50
51	52	53	54	55	56	57	58	59	60
61	62	63	64	65	66	67	68	69	70

㉰ 5씩 커지는 수입니다.

5

21	22	23	24	25	26	27	28	29	30
31	32	33	34	35	36	37	38	39	40
41	42	43	44	45	46	47	48	49	50

㉰ – 홀수만 색칠했습니다.
– 21부터 2씩 커지는 수입니다.

표현하기 118~119쪽

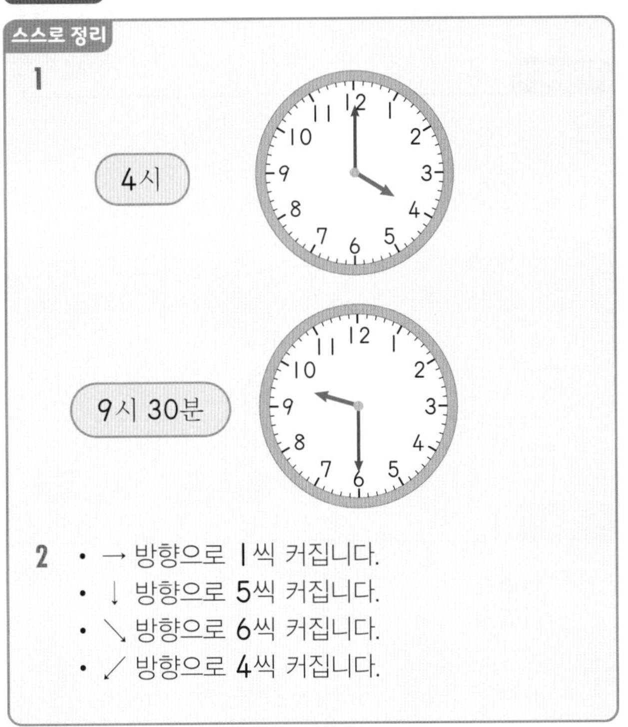

스스로 정리

1 4시 / 9시 30분

2 • → 방향으로 1씩 커집니다.
• ↓ 방향으로 5씩 커집니다.
• ↘ 방향으로 6씩 커집니다.
• ↙ 방향으로 4씩 커집니다.

개념 연결

수를 읽고 쓰기

하나	둘	셋	넷	다섯	여섯	일곱	여덟	아홉	열	열하나	열둘
1	2	3	4	5	6	7	8	9	10	11	12
일	이	삼	사	오	육	칠	팔	구	십	십일	십이

1 2시일 때 시곗바늘은 짧은바늘이 2를 가리키고, 긴바늘이 12를 가리키잖아.
2시 30분은 2시와 3시 사이에 있으므로 2를 가리키던 짧은바늘은 2와 3 사이로 움직이게 돼. 그러니까 2와 3 사이를 가리키는 거야.
그리고 긴바늘은 30분에는 시계를 반 바퀴 돌아 6을 가리키는 거야.

선생님 놀이

1 가운데 시계 / 해설 참조
2 15, 30 / 해설 참조

1 세 시계는 각각 2시 30분, □시 30분, 10시 30분을 가리키고 있습니다.
모두 몇 시 30분이므로 긴바늘이 6을 가리키고 있습니다. 짧은바늘은 두 수 사이를 가리키고 있어야 하는데 가운데 시계는 3을 가리키고 있으므로 고장 난 시계입니다.

2 20과 25를 보면 5씩 뛰어 세는 규칙을 찾을 수 있습니다. 그러므로 5씩 뛰어 세는 규칙으로 빈칸을 채웠습니다.

단원평가 기본 120~121쪽

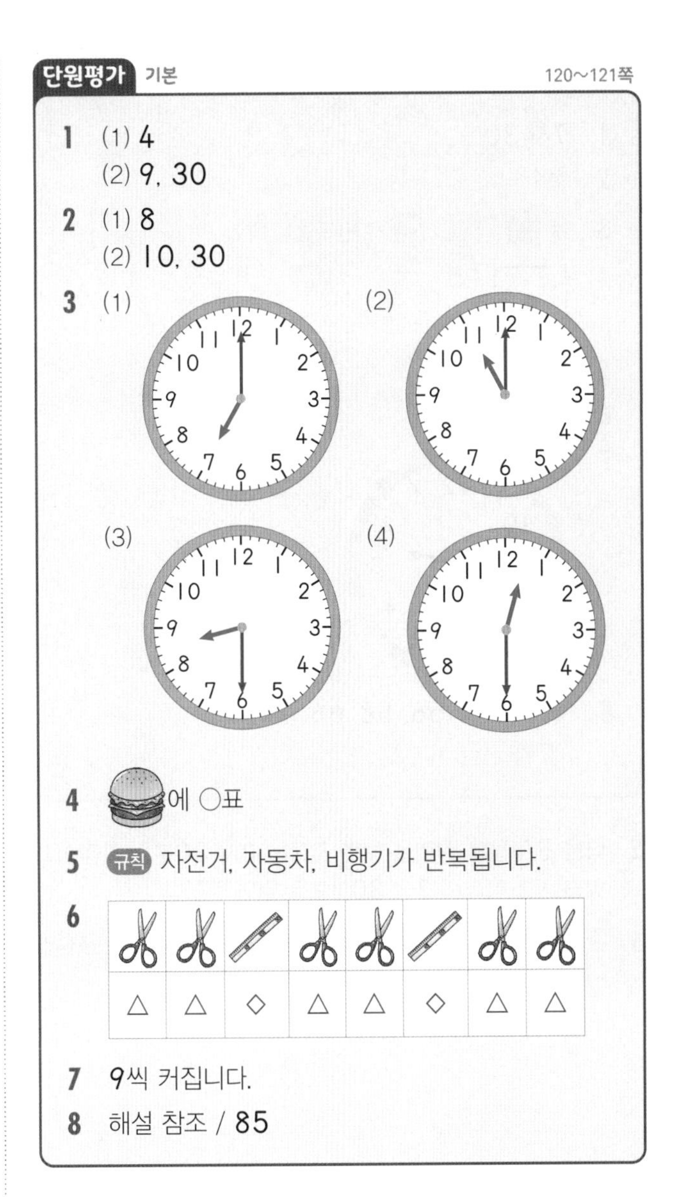

1 (1) 4
(2) 9, 30

2 (1) 8
(2) 10, 30

3 (1) (2) (3) (4)

4 에 ○표

5 규칙 자전거, 자동차, 비행기가 반복됩니다.

6

△	△	◇	△	△	◇	△	△

7 9씩 커집니다.

8 해설 참조 / 85

8 83에서 두 칸 오른쪽으로 갔으므로 83보다 2 큰 수인 85입니다.

단원평가 심화 122~123쪽

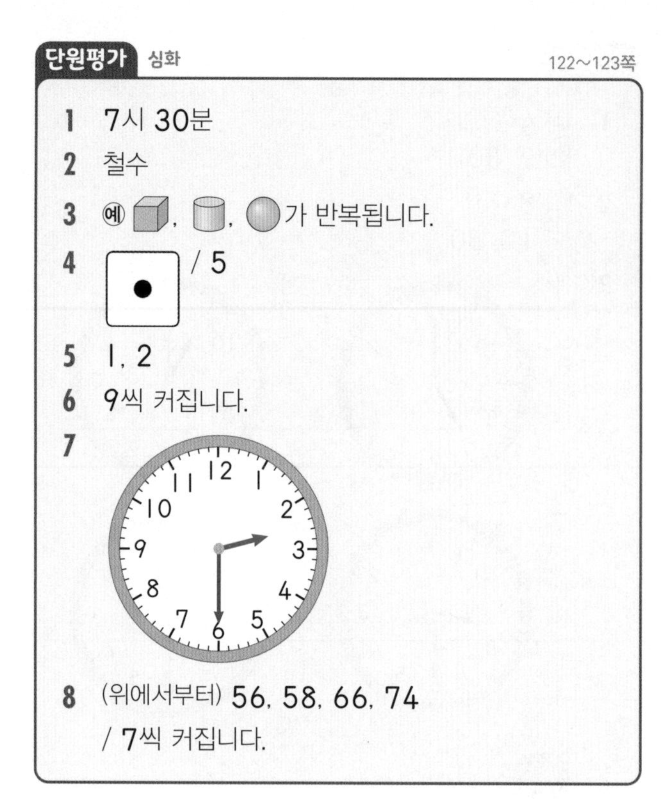

1 7시 30분

2 철수

3 예 (상자), (원기둥), (공)가 반복됩니다.

4 (점 1개 그림) / 5

5 1, 2

6 9씩 커집니다.

7 (시계 그림)

8 (위에서부터) 56, 58, 66, 74
/ 7씩 커집니다.

2 다른 친구들의 설명을 보면 시계는 3시 30분을 가리키고 있습니다. 따라서 3시 30분으로 읽어야 합니다.

5 손목시계가 1, 휴대 전화가 2, 동그란 시계가 4인 규칙입니다.

6단원 덧셈과 뺄셈 (3)

기억하기 126~127쪽

1 (1) 90 (2) 52
(3) 80 (4) 39
(5) 50 (6) 55

2 (1) (위에서부터) 8, 7, 8
(2) (위에서부터) 4, 5, 4

3 (1) (위에서부터) 13, 10, 13
(2) (위에서부터) 15, 10, 15

생각열기 ① 128~129쪽

1 (1) 5개
(2) 8개
(3) 13개
(4) 예 – 5+8=5+5+3
=10+3=13입니다.
– 그림을 모두 그려서 세어 보면 13개입니다.
– 이어 세기를 하면 13입니다.

2 (1) 13
(2) 예 – 5와 5를 더하면 10이 되고, 이어서 3을 더하면 13입니다.
– 앞에서부터 차례대로 더합니다.
(3) 같습니다에 ○표
이유 – 8을 두 개의 수로 가르면 5+3이므로 5+8의 결과는 5+5+3의 결과와 같습니다.
– 두 덧셈의 결과가 모두 13이므로 같습니다.

선생님의 참견

지금까지 배운 여러 가지 덧셈 방법을 이용하여, 더해서 10을 넘어가는 계산을 해 보세요. 10을 이용한 수의 모으기와 가르기에 집중하세요. 덧셈을 계산하는 원리를 이해하는 것이 중요해요.

개념활용 ❶-1

130~131쪽

1 (1) 5+8=13, 어머니가 판 주먹밥은 모두 13개입니다.
(2) 5+5=10
(3) 5, 13
(4) 2+8=10
(5) 8, 13

2 (1) 흰색 달걀

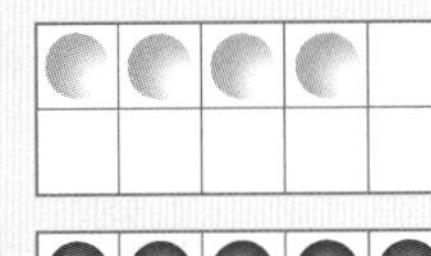

갈색 달걀

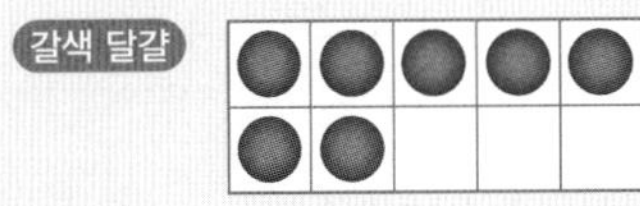

(2) 4+7=11, 닭들은 11개의 알을 낳았습니다.
(3) 방법1 6, 11
방법2 7, 11

개념활용 ❶-2

132~133쪽

1 (1) 3
(2) 3
(3) 10

2 (1) 1
(2) 1

3 (1) (왼쪽에서부터) 12, 13, 14 / 13, 14, 15
(2) 예 – 같은 결과를 만들 수 있는 덧셈식은 여러 가지가 있습니다.
– 10을 만들기 위한 덧셈식은 여러 가지가 있습니다.
– 오른쪽으로 한 칸 이동하면 1씩 커집니다.
– 밑으로 한 칸 내려가면 1씩 커집니다.

생각열기 ❷

134~135쪽

1 (1) 15개
(2) 7개
(3) 예 시루떡 그림 15개에서 8개를 지우고 세어 보면 7개가 됩니다.
(4) 7
(5) 예 – 10에서 8을 빼면 2이고, 2에 5를 더하면 7이 됩니다. 하지만 8+5를 먼저 계산하면 안 됩니다.
– 앞에서부터 차례대로 계산하면 됩니다.
(6) 같습니다에 ○표
이유 15를 10과 5로 가르고, 10에서 8을 빼면 2입니다. 이어서 5를 더하면 10−8+5와 같은 결과가 나오게 됩니다.

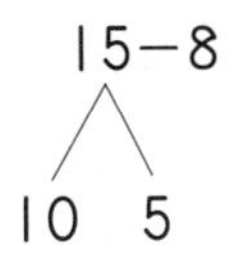

1 (3) 15−8은 15에서 5를 빼고 3을 더 뺍니다. 15에서 5를 빼면 10이고 10에서 3을 빼면 7입니다.

선생님의 참견

지금까지 배운 여러 가지 뺄셈 방법을 이용하여, (십몇)-(몇)=(몇)을 계산해 보세요. 10을 이용한 수의 모으기와 가르기에 집중하세요. 뺄셈을 계산하는 원리를 이해하는 것이 중요해요.

개념활용 ❷-1

136~137쪽

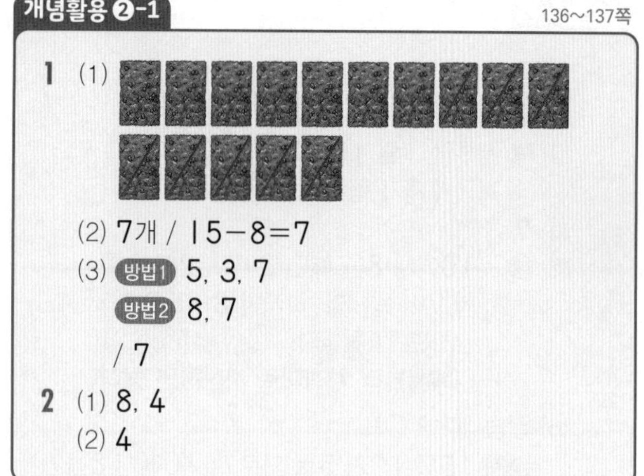

1 (1)

(2) 7개 / $15-8=7$

(3) 방법1 5, 3, 7

방법2 8, 7

/ 7

2 (1) 8, 4

(2) 4

개념활용 ❷-2

138~139쪽

1 (1) 3

(2) 5

(3) 10

2 (1) 6

(2) 2

3 (1) (왼쪽에서부터) 9, 8, 7, 6 / 5, 6, 7, 8

(2) 예 – 같은 결과를 만들 수 있는 뺄셈식은 여러 가지가 있습니다.

– 오른쪽으로 한 칸 이동하면 1씩 작아집니다.

– 밑으로 한 칸 내려가면 1씩 커집니다.

표현하기

140~141쪽

스스로 정리

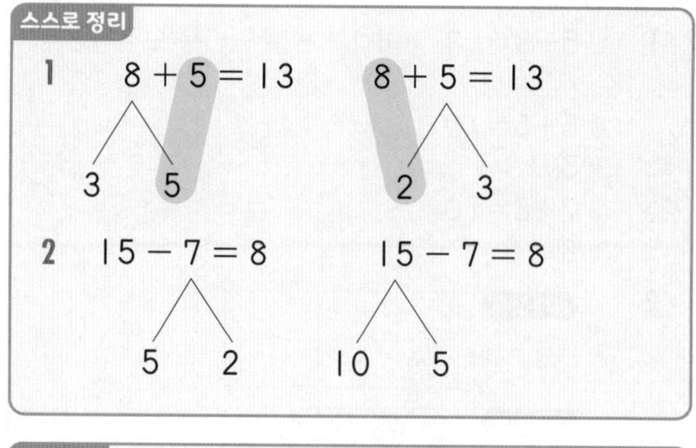

개념 연결

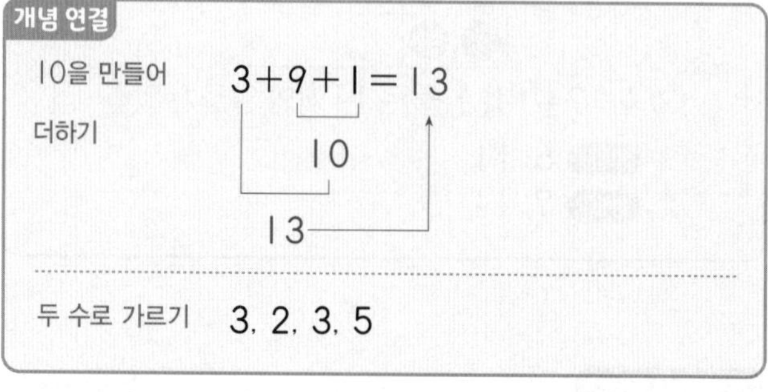

두 수로 가르기 3, 2, 3, 5

1 뒤에 5가 있으므로 7을 2와 5로 가르면 $5+5=10$을 만들 수 있어. $7+5=2+5+5=2+10=12$로 계산할 수 있어.

2 앞에 있는 수가 13이므로 6을 3과 3으로 가르면 $13-3=10$이야. $13-6=13-3-3=10-3=7$로 계산할 수 있어.

선생님 놀이

1 12, 7 / 해설 참조

2 8권 / 해설 참조

1 예 $9+3$에서 3을 1과 2로 가르기 하면 $9+3=9+1+2=10+2=12$입니다.
$12-5$에서 5를 2와 3으로 가르기 하면 $12-5=12-2-3=10-3=7$입니다.

2 예 학생 17명에게 공책을 한 권씩 나누어 주려면 공책 17권이 필요합니다.
지금 있는 공책이 9권이므로 더 필요한 공책의 수는 $17-9$로 구할 수 있습니다.
17을 10과 7로 가르기 하여 먼저 $10-9$를 하면 1이고, 여기에 남은 7을 더하면 8이므로 공책 8권이 더 필요합니다.

단원평가 기본 142~143쪽

1 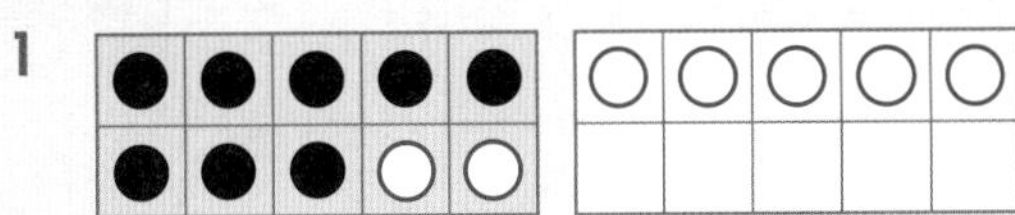 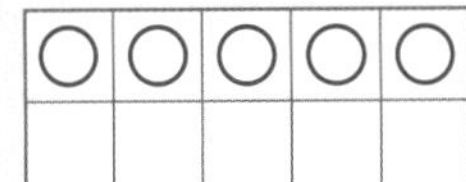

/ 15

2 (1) (왼쪽에서부터) 14, 14, 4
(2) (왼쪽에서부터) 14, 14, 4

3 (1) (위에서부터) 14, 4
(2) (위에서부터) 11, 1
(3) (위에서부터) 5, 3
(4) (위에서부터) 5, 4

4  / 9

5 (1) (위에서부터) 9, 6
(2) (위에서부터) 5, 2

6 ㉠

7 =

8

−	6	7	8
13	7	6	5
14	8	7	6
15	9	8	7

9 ㉠, ㉣

6 ㉠ $4+7=11$ ㉡ $7+5=12$
㉢ $3+9=12$ ㉣ $6+7=13$
합이 가장 작은 것은 ㉠입니다.

7 $15-6=9$이고 $16-7=9$입니다.

9 ㉠ $12-5=7$ ㉡ $14-5=9$
㉢ $17-9=8$ ㉣ $15-8=7$
계산 결과가 7인 것은 ㉠, ㉣입니다.

단원평가 심화 144~145쪽

1 12, 13, 14, 15 / 1
2 ㉡, ㉣, ㉢, ㉠
3 5개
4 얻은 점수가 같습니다.
5 식 $12-5$
식 $14-7$
6 식 $15-6=9$ 답 9
7 4

2 ㉠ $8+5=13$ ㉡ $7+9=16$
㉢ $7+7=14$ ㉣ $8+7=15$
→ ㉡>㉣>㉢>㉠

3 $7+5=12$이므로 $\square+6<12$입니다. 따라서 □ 안에 들어갈 수 있는 수는 6보다 작은 수이므로 1, 2, 3, 4, 5입니다.

4 선우는 $8+6=14$(점)을 얻었고, 시은이는 $5+9=14$(점)을 얻었으므로 두 사람이 얻은 점수는 같습니다.

5 이 있는 칸은 $13-6=7$입니다.
차가 7인 뺄셈식을 찾으면 $12-5=7$, $14-7=7$입니다.

6 차가 가장 크려면 가장 큰 수와 가장 작은 수의 차를 구하면 됩니다.
$15>12>8>6$이므로 $15-6=9$입니다.

7 $5+7=$ ■, ■ $=12$
$12-4=$ ▲, ▲ $=8$
$8+3=$ ●, ● $=11$
세 수 중 가장 큰 수는 12이고, 가장 작은 수는 8이므로 $12-8=4$입니다.

수학의 미래
초등 1-2

지은이 | 전국수학교사모임 미래수학교과서팀

초판 1쇄 인쇄일 2021년 7월 26일
초판 1쇄 발행일 2021년 8월 2일

발행인 | 한상준
편집 | 김민정 강탁준 손지원 송승민 최정휴
삽화 | 조경규 홍카툰
디자인 | 디자인비따 한서기획 김미숙
마케팅 | 주영상 정수림
관리 | 양은진

발행처 | 비아에듀(ViaEdu Publisher)
출판등록 | 제313-2007-218호
주소 | 서울시 마포구 월드컵북로6길 97 2층
전화 | 02-334-6123 홈페이지 | viabook.kr
전자우편 | crm@viabook.kr

ISBN 979-11-91019-10-0 64410
ISBN 979-11-91019-08-7 (전12권)